数据通信设备中心结构与抗震指南

Structural and Vibration Guidelines for Datacom Equipment Centers

本书是与负责“重要设施、工艺房间与电子设备”的 ASHRAE TC 9.9（技术委员会 9.9）合作完成的。

原版书的任何更新或勘误将在 ASHRAE 网站 www.ashrae.org 或其出版物修订信息上告示。

美国采暖制冷空调工程师学会数据中心系列丛书

ASHRAE Datacom Series

数据通信设备中心结构与抗震指南

Structural and Vibration Guidelines for Datacom Equipment Centers

【美】ASHRAE TC 9.9 主编

陈 亮 沈添鸿 杨国荣 王振华 译

胡仰耆 校

中国建筑工业出版社

著作权合同登记图字：01-2009-6038 号

图书在版编目（CIP）数据

数据通信设备中心结构与抗震指南/[美]ASHRAE TC 9.9主编；陈亮等译.—北京：中国建筑工业出版社，2011.5

（美国采暖制冷空调工程师学会数据中心系列丛书）

ISBN 978-7-112-13062-7

Ⅰ.①数… Ⅱ.①A… ②陈… Ⅲ.①数据通信设备-邮电通信建筑-建筑结构-指南②数据通信设备-邮电通信建筑-抗震-指南 Ⅳ.①TP308-62②TU248-62

中国版本图书馆 CIP 数据核字（2011）第 050154 号

美国采暖制冷空调工程师学会数据中心系列丛书

ASHRAE Datacom Series

数据通信设备中心结构与抗震指南

Structural and Vibration Guidelines for Datacom Equipment Centers

【美】ASHRAE TC 9.9 主编
陈 亮 沈添鸿 杨国荣 王振华 译
胡仰耆 校

*

中国建筑工业出版社出版、发行（北京西郊百万庄）
各地新华书店、建筑书店经销
北京千辰公司制版
北京建筑工业印刷厂印刷

*

开本：787×960 毫米 1/16 印张：9¼ 字数：159 千字
2011 年 6 月第一版 2011 年 6 月第一次印刷
定价：**30.00** 元
ISBN 978-7-112-13062-7
(20439)

本书是该系列丛书的第 5 册，共分为 4 个部分：第 1 部分为引论，它概括了数据通信设备中心设计的最佳实践，包括新的和改建的建筑结构的推荐内容；第 2 部分为建筑结构，介绍新结构与既有结构设计；第 3 部分为建筑基础设施，详细讨论了建筑基础设施，建筑基础设施结构与考虑因素、架空可检视地板系统和振动源及其控制；第 4 部分为数据通信设备，该部分介绍了冲击与振动测试，地震锚固系统和数据通信设备分析。本书内容全面且深入浅出，对从事数据中心设施设计及运行管理的人员具有较大的参考价值和指导作用。

* * *

责任编辑：张文胜
责任设计：张　虹
责任校对：陈晶晶

ASHRAE 数据中心系列丛书中文版
翻译小组成员名单

杨国荣	华东建筑设计研究院有限公司
胡仰耆	华东建筑设计研究院有限公司
沈添鸿	美国国际商业机器(IBM)全球(中国)有限公司
任　兵	华东建筑设计研究院有限公司
陈　亮	美国国际商业机器(IBM)全球(中国)有限公司
陈　巍	美国国际商业机器(IBM)全球(中国)有限公司
王振华	美国国际商业机器(IBM)全球(中国)有限公司
盛安风	华东建筑设计研究院有限公司
曹雷鸣	上海市工业设备安装有限公司

目录

第 1 部分　引言与最佳实践

第 2 部分　建筑结构

第3部分 建筑基础设施

第 4 部分 数据通信设备

译者的话

经过30多年改革开放，我国的国民经济得到了快速发展，涌现出大批国际级骨干企业。随着数据处理业务需求的爆炸式增长和计算机、网络技术的飞跃发展，银行、保险、证券等金融行业、交通运输、医疗卫生等大型企业及政府机构相继建立起许多数据中心。在数据处理业务需求和IT技术的共同推动下，我国的数据中心建设现已进入了高速发展时期。数据中心的热密度每年呈上升趋势，且这种趋势还在继续。目前，数据中心内大量采用的新型服务器的热密度已达20～30kW/机柜，常用的空调系统已难以满足这类高密度机房的冷却要求。进入21世纪后，我国政府提出了节能减排是基本国策，在逐步加大节能减排的力度，这对耗能大户的数据中心的节能设计提出了挑战，建立一个新型数据中心的任务摆在数据通信设备制造商、数据中心设计者和运行管理者面前。新型数据中心应具有“高效、节能、可管理”的优势，在解决降低用户直接成本和管理问题的同时，有助于建设节约型社会。

美国采暖制冷与空调工程师学会（ASHRAE）在2001年成立了关于数据中心的技术小组，该小组早期名称为“TG9HDEC”。2003年后小组改名为技术委员会9.9（简称TC 9.9）。TC 9.9是一个由数据通信设备生产商、数据设备终端用户的业主及管理人员与政府机构、咨询机构、研究机构和测试实验室专家组成的专业研究团队。该团队对数据中心的重要设施、技术要求、电子设备及系统进行了细致地研究和总结，其研究成果编入了ASHRAE手册，并出版了ASHRAE TC 9.9数据中心系列丛书。2009年ASHRAE对其中三本书进行了修订，出了第2版。本翻译组有幸通过“国际商业机器（IBM）全球（中国）有限公司”的帮助，向ASHRAE购买了该系列丛书中文版的版权，将这套丛书翻译出版，以期对我国数据中心设计和运行管理人员有所帮助。

《数据通信设备中心结构与抗震指南》(Structural and Vibration Guidelines for Datacom Centers）是该系列丛书的第5册。该书分为4个部分：第

1部分为引论，它概括了数据通信设备中心设计的最佳实践，包括新的和改建的建筑结构的推荐内容；第2部分为建筑结构，介绍新结构与既有结构设计；第3部分为建筑设施，详细讨论了建筑基础设施，建筑基础设施结构考虑，架空可检视地板系统和振动源及其控制；第4部分为数据通信设备，该部分介绍了冲击与振动测试，地震锚固系统和数据通信设备分析。本书内容全面且深入浅出，对从事数据中心设施设计及运行管理的人员具有较大的参考价值和指导作用。

译者对此系列丛书进行了精心的翻译，以期让该丛书尽快与广大读者见面。本书的翻译得到了美国“国际商业机器（IBM）全球（中国）有限公司”的大力赞助，在此表示诚挚的感谢。此外，我们还应对本书的责任编辑张文胜先生和姚荣华主任所作出的辛勤劳动表示敬意和感谢。同时也感谢华东建筑设计研究院有限公司的同仁，是他们的关心和期望使本书的翻译工作得以顺利地完成。

本书的译、校者虽已尽力，但是由于全书是在工程设计的业余时间内完成，也由于译者的学识水平和英语能力有限，译文中难免会出现错误和不确切的地方，或者不能准确表达原著的学术内涵之处，热忱地欢迎广大读者、专家、同仁批评指正。

杨国荣　胡仰耆　陈　亮
2011年2月13日

致谢

本指南中提供的信息得到了以下公司的帮助和支持：

AT&T Service，Inc.
Citigroup
Corgan Associates
Data Aire，Inc.
DLB Associates
IBM Corporatoion
Intel Corporatoion
JG Pieson
Starzer Brady Fagan Associates
Tate Access Floors Inc.
VMC Group

ASHRAE TC9.9 特别感谢以下人员：

• IBM 的 **Dr. Roger Schmit**，**Dr. Buty Notohardjono**，**John Quick** 和 **Shawn**；DLB Associates Consulting Engineering 的 **Don Beaty** 与 **Dan Dyer**；Data Aire Inc. 的 **Jeff Trower**；Intel 的 **Jeffrey Soulages**；VMC Group 的 **Richard C.** Berger；AT&T Service，Inc. 的 **Larry Wong**；以及 Tate Access Floors，Inc. 的 **Bill Perry**；感谢他们作为各章的主要参与者，包括许多拜访、编写与审查。

• **Dr. Budy Notohardjono**，感谢他协调和领导本书的整个编写工作。

• DLB Associates Consulting Engineerings 的 **Don Beaty** 与 TC 9.9 的前任和现任主席，IBM 的 **Dr. Roger Schmidt**，感谢他领导、检视并促进本书的编写。

• DLB Associates 的 **Don Beaty**，感谢他领导本书中"建筑结构与基础设施"的编写工作。

• DLB Associates 的 Steve Felton 与 Tom Davison；Starzer Brady Faagan Associates 的 Hubert Starzer 与 gan；Corgan Associates 的 Bob Morris；JG Pieson 的 Jerry Estoup；VMC Group 的 Elizabeth O'Neil 和 Citigroup 的 Jack Class，感谢他们的参与及对本书最终稿的改进。

第 1 部分
引言与最佳实践

第1章 引言

1.1 本书概述

当今的数据通信（数据与通信）设施管理者与运行者已理解保护其业务中关键的数据及信息技术（IT）设备（或数据通信设备），包括服务器、存储器、通信及网络设备的重要性。因此，数据中心运行者必须执行标准和按照经验做法，以确保数据通信环境中设备的完善性与功能性。

高性能数据中心设施接纳了应对内外冲击和振动源很脆弱的各种复杂而敏感的数据通信设备。冲击与振动源是大多数数据通信设施中一定程度存在的一种不希望有的力，若此力施加的时间过长，会损害设施与设备。数据通信设备和基础设施设备本身是数据中心内的振动源。数据通信设备制造商通过减小传递到周围环境中的内部振动，从而控制这些振动源。外部振动源如机场、火车、附近采矿作业（采石场爆破）、施工活动、地震及气候事件等均是有效应的外部冲击与振动源。这些冲击与振动源通过建筑物结构传递到数据中心并最终传递到所有运行着的服务器及支撑性基础设备。这些对IT及电信设备产生的干扰取决于设备自身的设计或坚固性。减小和防止这些冲击与振动源潜在性破坏的最好方法是避免冲击与振动，或减小与控制冲击与振动的程度。

本书可为服务器、存储器、通信与网络设备的用户、制造商和安装者提供设计资料与准则，使数据中心设备在发生振动或地震时能持续运行。

数据通信设备中心需要将重点放在设施的结构与振动性质、建筑物的基础设施和内容（如数据通信设备）上。由于数据通信设备的密度（紧凑性）在继续增加，故设施的要求也在逐渐形成，因为：

（1）电功率与供冷基础设施成为对结构更大、更强烈、更本质的挑战。

（2）数据通信设备自身在变得更重。

(3) 设施能容纳更多数据通信设备，因此对于业主来说重要性在日益增加。它可能导致结构抗御强风、雪、地震和大自然袭击的潜在威胁。

为了保持高度的回弹性和可利用性，从整体上审视这些问题至关重要，其重点是基本的建筑围护结构和数据通信设备自身。然而，对于典型的数据中心建设项目，设备的致密性正在使问题范围受项目中的机械与电气部分支配。此外，保持冷却系统不间断运行已经与保持电力系统不间断运行同样重要。因此，数据设备中心必须考虑以下几项构造与抗震性能：

(1) 建筑物结构；

(2) 建筑物基础设施（电力、冷却、地板与吊平顶系统等）；

(3) 数据通信设备（服务器、存储器、磁带驱动器、网络设备等）。

目前的建筑规范基本上是将重点放在生命安全问题上。虽然它们应对的如气候事件问题，但这些事件尤其属于在合理期望条件下与生命安全关系的范围内。数据通信设施必须包括所有典型的生命安全问题，但也必须考虑在极端自然条件或人为条件下，发生重大气候事件（例如飓风或龙卷风）或爆炸时需要什么来保持设施运行。

结构及抗震措施（承受外部振动且不引起任何损坏的设计特征）非常重要，它们被设计与集成到设施与设备中，能使 IT 设备的电源系统、冷却系统的运行与性能获得成功。例如，业内一些人士正在将数据中心说成是“计算机”，这是因为 IT 设备与电力、冷却系统耦合得非常完整与紧密。

数据通信设备的典型更新率通常为 3～5 年，这为以合理的容量提供电力、冷却系统和以合理的结构来支持数据通信设备增加了挑战性。因为这些系统的寿命至少是数据通信设备寿命的 5 倍。ASHRAE 的《数据通信设备功率趋势与冷却应用》(Datacom Equipment Power Trends and Cooling Application —— ASHRAE 2005a) 一书提供了预示未来功率与冷却容量的方法。对于结构来说，尚无类似方法来预示其以后的情景。

为了满足当前数据中心设备的需要，如今结构系统的集成化与专业化要求更高，所以一般了解结构与震动基础不但对设计者，而且对业主、运行人员都极为重要。例如，运行人员不了解楼宇系统内结构与抗震系统的重要性，会使结构与抗震系统严重受损。

本书之目的是为处理建筑结构、基础设施及数据通信设备中的高度集成问题提供一些基本信息。为了有效地应对这一全盘性问题，本书的执笔者有数据通信设备制造商、机械/电气工程师、建筑师与建筑结构工程师。

1.2 数据通信行业概述

数据中心及电信行业依赖于一个具体的基础设施，它包括大小、容量、回弹性等级、配置、使用、员工配备策略等变化范围很大的数据通信设备中心，故不过度普遍化或采用刻板/食谱式的方法非常重要。表1-1说明了各种内容的典型应用范围，但它并非表明绝对的极端情况。

数据通信行业广泛应用范围 表1-1

主　题	范　围
空间尺寸	小房间至整幢建筑物
建筑物规模	500～500000ft² 以上（46.45～46451.52m² 以上）
建筑物配置	单体建筑物至整个园区
功率与冷却密度	5～500W/ft²（54～5382W/m²）
设备重量	30～3600磅（13.6～1634.4kg）
基础设施性能/可利用性	1～4级
范围	小规模改造一新建筑物或园区
运行员工配备	匆匆离开（无人），7d×24h有人
使用	混合使用一专用
主要功能	电信、呼叫中心、数据中心
备用站点	无备用站点一故障自动转移备用站点
寿命变化	最低限度一极端情况
使用	业主使用一承租人使用
规范	勉强满足标准一远超出规范
楼层	单层一高层
气候	低于0℉（-18℃）、高于100℉（38℃），干/湿 易起飓风、龙卷风
土壤类型	沙土、黏土、有机性、高地下水位

1.3 ASHRAE TC 9.9 简介

20世纪80年代后期，主要IT设备制造商的重要专家认识到，功率与冷却容量的增加正成为行业的挑战。随后，他们注意到这是一个全盘处理数据中心行业内技术内容、无销售商的中立专业社团。此外，他们也逐渐明白了IT行业与设施行业之间合作和协调的需要。

由于 ASHRAE 在国际上的重要存在、主导地位、悠久历史（始于 1894 年）以及主要的出版基础（包括典型规范、标准、指南、教程等），故 IT 设备制造商将 ASHRAE 视为一个无偏见的信息源。于是，Roger Schmidt（IBM 公司）与 Don Beaty（DLB 联合公司）开始正式启动让 ASHRAE 创建数据中心设施技术委员会。

由于这是一个有关数据中心设施的无销售商、中立的非盈利机构，所以成立了 ASHRAE 技术委员会（TC），其成员经过精心挑选，以能处理广泛、可能范围内的内容。例如，即使是委员会的名称——“数据中心设施、技术房间与电子设备”都反映了广泛的含义（从设施到电子元件）。

TC 9.9 的成员包括了来自 IT 设备制造商和设施设计、施工与运行领域的专家。委员会还包括来自全球许多国家的成员，以提供更广的视角。委员会中的许多成员既非是 ASHRAE 会员，也非热力工程师。

委员会的工作重点是确定数据中心行业的信息及技术需求并满足这些要求。委员会在没有完整资源或专家的情况下，它将寻求资源并让他们加入到团队中。有时这些需求并非基于 HVAC，所以应利用委员会与 ASHRAE 的出版能力作为满足行业需求的手段。

TC 9.9 主要目标如下：

（1）出版数据中心有关 HVAC 的无偏见技术信息；

（2）提供数据中心有关 HVAC 的无偏见培训；

（3）为数据中心行业宣传非 HVAC 内容、无偏见技术资料提供论坛。

1.4 ASHRAE 数据中心系列丛书简介

ASHRAE 数据中心系列丛书是 ASHRAE TC 9.9 满足数据中心行业信息需求的主要方法，书中内容对专业与非专业读者都有价值。

本套丛书与其他丛书有所不同，有时完全是单独的，但偶然也会有前书的基础。

本书出版时，以下四本书已经出版，另三本书的大量工作也已完成：

（1）《数据处理环境热指南》(Thermal guidelines for Data Processing Environments-2004)；

（2）《数据通信设备功率趋势与冷却应用》(Datacom Equipment Power Trends and Applications-2005)；

（3）《数据通信设备中心设计研究》(Design Consideration for Datacom Equipment Centers-2006)；

(4)《数据通信设备中心液体冷却指南》(Liquid Cooling Guidelines for Datacom Equipment Centers—2006)。

1.5 本书内容

本书由下列主要章节组成：

第1部分 —— 引言与最佳实践。主要介绍本书内容与 ASHRAE TC9.9，它包括以下两章：

第1章 —— 引言；

第2章 —— 最佳实践经验。

第2部分 —— 建筑结构。该部分着重于建筑基本结构，如建筑物围护结构、建筑物梁、建筑物柱、楼板及屋面板，具体包括以下各章：

第3章 —— 建筑结构概述；

第4章 —— 新结构；

第5章 —— 现有结构及新增结构；

第3部分 —— 建筑物基础设施。该部分着重于电源、供冷、地板系统与吊平顶系统。基础设施包括外部设备站房，如电力与制冷站房，具体各章如下：

第6章 —— 建筑结构形式。

第7章 —— 建筑基础设施概述；

第8章 —— 基础设施结构考虑因素；

第9章 —— 架空可检视地板系统；

第10章 ——震源与控制。

第4部分 —— 数据通信设备。该部分着重于 IT 或电子设备机组，包括机架内部件、机架与机架排，具体包括以下各章：

第11章 —— 数据通信设备冲击与振动测试；

第12章 —— 数据通信设备抗震锚固；

第13章 —— 数据通信设备及抗震锚固系统分析。

附录及附加资料，包括背景资料、参考书目及术语汇总。

1.6 本书主要读者

本书的读者为专业与非专业人员。它涉及的数据通信设备中心的设计、施工、调试、运行、管理与维护人员均可从中获益。此外，对于研发与/或设计电子元件、供冷及其他基础设施设备的人员也能从本书中受益。本书具体用户举例如下：

(1) 计算机设备制造商（研发工程师、市场与销售机构）；

(2) 基础设施设备制造商（供冷和电力）；

(3) 咨询人员；

(4) 施工与贸易总承包商；

(5) 设备运行人员、IT 部门、设施工程师与信息主管。

第 2 章

最佳实践经验

2.1 建筑结构——新建与扩建

在新建建筑物与扩建既有建筑物的早期设计阶段，应深谋远虑。与较多的传统房间相比，数据通信设备中心需要一套独特的设计标准。许多服务必须直接提供给数据通信设备，以满足供冷、电力与通信的要求。这些服务需要支撑系统，而这些支撑系统又将增加的负载施加在建筑结构上。

此外，数据通信设备与其支撑性基础设施的重量也导致了需对结构作特殊考虑，就像高于和超出规范底线的任何结构设计要求（例如抗飓风或爆炸）一样。

新建筑物与既有建筑物扩建的最佳实践如表 2-1 所示。

建筑结构最佳实践——新建与扩建 **表 2-1**

1. 建筑物初投资与结构长期适用性之间的平衡。
2. 提供头部上方建筑结构下的净高在平均值以上。
3. 为结构构件附属负荷提供余量。
4. 优化柱距，以求最大适用性。
5. 按国际建筑规范（International Building Code）第 17 章所述，提供特殊的结构检查。
6. 考虑建筑结构系统与钢的生产到交货这段时间的关系。
7. 考虑抗震设计要求的全盘影响。
8. 审核增加土的承载力的优点。
9. 优化剪力墙与支撑框架的位置，以求最大适应性。
10. 减少对墙、楼板与屋面构件穿孔的约束。

2.2 建筑物结构——改造、重新配置与变更

既有结构需要大量验证，以确定其对新用途的反应。此类评价的最好

方法涉及密切审查竣工建筑与原设计图纸。对于新建筑来说，这些图纸含有结构工程师所需的信息，可以确定屋面、楼板系统的承载能力与侧向力。要求工程师真正调查结构系统，核对与图纸的相符性。这类调查也许需要去除某些区域的建筑饰面，直至工程师相信该建筑物是按照规范进行施工的。在易发生地震的地区，应避免按 1975 年以前的标准建造建筑物，因为 1975 年以前的建筑规范并不包含目前许多规范中所有的侧向力设计标准，要将这样的建筑物更新到目前标准是非常昂贵的。

既有建筑物改造、重新配置与变更的最佳实践如表 2-2 所示。

建筑结构最佳实践——改造、重新配置与变更 **表 2-2**

1. 广泛分析既有结构的设计与施工。
2. 尽可能暴露出既有结构（例如拆除既有吊平顶系统）。
3. 比较施工图纸与目检的已安装结构，确信符合要求。
4. 评估现行规范要求，按需升级既有结构系统。
5. 对提供的独立次结构替代既有结构系统的升级能力进行评估。
6. 在任何修改工作施工期间，提供平均水平之上的监督和检查。
7. 精确定位既有建筑的柱子，并确信它们是垂直的。
8. 为满足现行抗震规范要求，要理解 1975 年以前建造的建筑，其结构改造是特别需要费钱的。
9. 不管是否有图纸，应认识到检验混凝土结构是非常困难的。
10. 如房间是租赁的，应考虑"退租策略"。

2.3 建筑基础设施

支撑数据通信设备的建筑基础设施，可位于数据中心建筑物内或其周围。很重的设备最好置于地面层或在室外设备场地上。荷载位于二楼或屋面结构上将产生不必要的特殊侧向荷载问题。

支撑数据通信设备的架空地板系统起着第二个结构楼板的作用，它必须支撑设备的重量，并在侧向荷载情况下行使职责。

位于建筑物内的机械设备应与结构隔离，以避免振动传递到结构上。

有关建筑物基础设施的最佳实践如表 2-3 所示。

2.4 数据通信设备

数据通信设备是数据中心的关键。建筑物与基础设施设计必须集成，以确保数据通信设备的可靠性和可利用性维持在所需级别。重达 300～400 磅至 3600 磅（1335～1780N 至 16017N）的数据通信设备的设计与安装是实现该目标的关键。

数据通信设备安装的最佳实践见表2-4，数据通信设备设计的最佳实践如表2-5所示。

建筑结构最佳实践——建筑基础设施 表2-3

1. 将重设备及基础设施系统置于地面层。
2. 如有可能，将较大的系统置于在建筑物外邻近的设备场地内。
3. 架空可检视地板系统的能力应有余量。
4. 考虑将架空可检视地板的支座紧固在结构楼板上。
5. 考虑将架空可检视地板的地板块旋紧在地板支撑系统上。
6. 安装架空可检视地板系统时的温度应非常接近运行温度。
7. 为有旋转部件的设备提供隔振。
8. 将头部上方所有电缆托盘安全地固定在坚实的框架上，以将荷载传递到屋面结构上或楼板上。
9. 组织建筑基础设施输配系统的结构支承。
10. 为基础设施提供伸缩节。

建筑结构最佳实践——数据通信设备安装 表2-4

1. 确定数据通信设备的重量与尺寸。
2. 校核建筑结构能否支承数据通信设备的荷载。
3. 校核架空可检视地板能否支承数据通信设备的荷载。
4. 研究设备从装载货台到最终位置的安装/定位路径。
5. 校核运行时可能出现的强烈冲击和振动。
6. 查核数据中心所在地的地震活动性。
7. 对非寻常定位路径或运行时强烈冲击与振动问题向设备制造商咨询。
8. 提供抗震锚固。
9. 对有旋转部件的基础设备提供隔振装置。
10. 如需重新定位设备时，应向设备制造商咨询。

建筑结构最佳实践——数据通信设备设计 表2-5

1. 制定产品的测试规程。
2. 制定静态和动态荷载的方向与大小。
3. 对不利荷载进行分析。
4. 确定设计目标。
5. 进行易碎性、可装卸性、运行与地震模拟试验。
6. 将测试结果、设计目标进行对照与评估。

第 2 部分
建筑结构

第3章 建筑结构概述

3.1 引言

由于本书是面向专业与非专业读者，故本章介绍一些结构基础知识。这些基础知识并不缜密，也不是要让非工程师去做结构工程师的工作，但可帮助了解建筑结构设计和性能的影响。

结构工程可分解为几个主要部分——就像解代数、几何或三角题一样。简言之，结构工程应注意以下内容：

（1）基础；

（2）土质或地表面下承载体；

（3）楼板；

（4）结构框架；

（5）墙与屋面系统结构件；

（6）结构连接；

（7）其他结构件。

人们常说，建筑物只是像基础一样需要牢固，不应散架。这就像“基础是关键”这样的陈词滥调。也有人可能会说，基础要像支承它的土壤一样坚实，因为选址与设施设计在很大程度上取决于现场土壤情况，一个较大的建筑现场可能有很大不同。

另外，一些非直接属于结构件的要素，如建筑物围护结构、表皮、表面和复合层等，对结构也有影响。这些要素与船帆或船体表面相似，直接受到外力，如风、雨、雪的影响，它们又转而影响结构系统的荷载。

3.2 基本知识

由于建筑物的结构及其使用情况是随时间而发生变化的，所以结构荷载也同样是变化的。结构设计专业人员必须将所有设计特性综合在一起，以确定荷载要求，确定自然界事件产生的影响以及确定建筑物目前和未来的预期性能。

收集荷载信息通常是一项艰难的任务，特别是各结构与专业设计成员在协同设计建筑物的组成部分，包括机械、电气、给水排水及消防系统，业主或承租人及设施操作人员在设计过程中也扮演着部分角色。

根据建筑规范确定的需求荷载在很多情况下可能是足够了，但在每个案例中，专业设计人员必须审查整个项目的结构荷载。设计人员利用建筑规范可以很快地应对如办公室这类典型用途，但对于数据通信设施，即使他们曾接触过，也可能很少涉及数据通信设施的具体要求，或处理过数据通信设施系统施加的独特荷载情况以及需要处理人为和自然造成的威胁。设计师必须考虑设施承受的荷载类型，因为这将会影响支撑结构，特别是在振动发生时。

来自数据通信设备、电池或不间断电源（UPS）系统、变压器及开关柜、冷水机组、锅炉、大的冷却水管、冷却塔、屋顶型空调机组与附属大风管、消防系统及其相关输水系统的荷载均会在很大程度上影响架空地板或屋面构件的设计。像吊平顶、灯具、内侧墙支撑、承重墙、架空可检视地板、大墙洞、地面斜坡、地下排水等，也会影响结构设计。

设计师必须考虑的其他要素是构件偏差和结构偏离，它随所选结构的形式而异。由于资金原因，普遍会采用预制的金属结构建筑物。此类建筑的典型是框架结构，它相对比较灵活，能通过弯曲或变形消散能量，并要求非结构组件与系统的设计可适应预期的变形。

为了侧向稳定性，采用抗力矩框架（力矩框架）的建筑物可能有类似考虑。刚性较好的结构，例如结合剪力墙或支撑框架的结构，其变形或偏离量会小于典型的预制结构或力矩框架结构。如果能预测变形和偏离的减小程度，则来自隔断、外墙及附属设备的连接件的施工费用可少些。

抗震与抗风要求应因地而异，它们是基于区域的地质资料和过去发生过地震的损坏报告。称为“现场地震专项研究”的地质调查，通常是用于确定既有土壤的类型以及从建筑物基础到支撑基岩之间的距离。这些参数结合了规范所述标准，为确定侧向荷载分析中所用的结构质量比提供了指导，有时会节约整个施工费用。

建筑设计应尽可能使建筑物对称，可让地震力较均匀地施加在结构上。作用在非对称型建筑物上的力比作用在对称型建筑物上的会大得多。非对称型结构的变形也各不相同，对于非结构性组件的互联性需深入研究。

风荷载值是基于从国家气象服务部门收集到的气象资料。规范与综合性标准包括地图与指南性资料，但推荐与当地建筑部门一起工作。虽然建筑规范允许在风速等强线内采用插入法取值，但有些主管部门要求在管辖区域内按最低程度的最大风速确定整个管辖区的固定最小风速。

考虑风荷载不仅对风力事件中的结构性能很重要，而且对非结构部件的性能也非常重要。屋面的向上举力、墙的锚固系统以及设备固定在屋面上都十分重要，必须予以考虑。

应该指出，结构设计主要是基于只满足规范最低要求。而且是以生命安全为目的，并不是为了使数据中心在暴风期间和之后能保持运行。

设施可建造得能承受飓风、沙尘暴等极大风力时的风荷载，如图 3-1 所示，但这样的防备极费钱。因此，应进行性价比分析，以确定抗风暴设计的价值。对于在历史统计中可能出现的几种风速值要使该结构能满足要求而升级的研究，应进行评估，然后业主才能对纳入工程中的抗风级别作出正确的决定。

规范历来是指令性的（像设计手册或“处方”一样）。规范内容正朝着增加复杂性和包含更多要求的方向发展。这种趋势可能是受到军团杆菌病爆发、新奥尔良飓风灾害、全球变暖等事由的驱动。

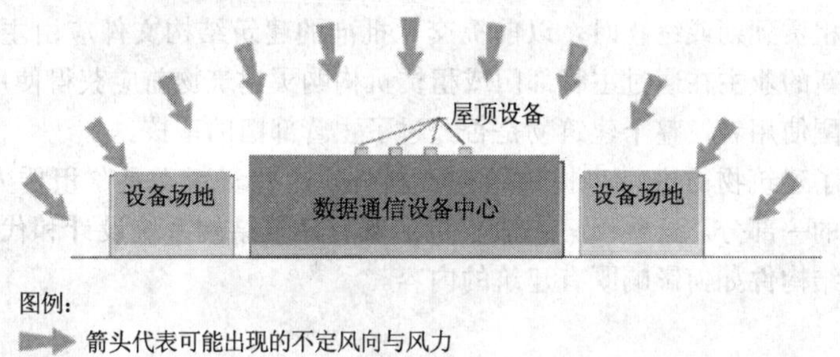

图 3-1　数据通信设备中心风荷载示图

规范除了正朝向更复杂的方向发展外，还朝着对性能的要求而不是指令性要求方面发展。附录 A 包含了最新规范要求的详细内容。

尤其是对较老的结构，常得不到该建筑物的施工图纸和说明，于是不了解结构的设计荷载，这对有关数据通信设施的有计划改造，甚至是一个很小的基础设施升级项目来说也会是一个疑难问题。在此情况下，一个有执照的结构工程师应在现场查看结构，确定现有结构系统的承载力。

当在租赁空间内建一个数据通信设备中心时，应考虑设施的最终退租策略，考虑使租用空间的结构改动最少，改动的结构在租赁结束时可拆除，不影响主要结构系统。

凹坑和沟槽可以填补，独立的结构可以拆卸，但当既有墙体或其他结构构件的改动在不加固会导致不坚实时，则必须永久性地保持在原位改造。所以必须仔细审核租赁条款，要在建筑结构更改前确定潜在后果。

3.3 文件提交机构

许多规划与/或建设部门需要一份用于新建或改建工程的土工技术报告，这类报告将提供有关现场准备、回填土安排与夯实以及基础设计推荐参数等资料。

提交给州或城市建设主管部门的结构图纸要求在全国是不同的。但所有结构图应表明钢与/或混凝土结构的平面和立面，以及与基础（必要时与上部楼板）的相互关系。此外，基础设计还需用建筑类型、使用形式、施工类别和有关雪、风、地震等重要因素来加以说明。

在风力大的地区（如南佛罗里达州），或地震多发地区（如加利福尼亚州等），则要求将有执照的专业工程师计算的所有构件全套计算书经签字、密封后需随同结构图纸一起提交。

在租赁到期或终止时，以前提交、批准的建筑结构文件应由主管部门存档。新的业主在通过主管部门或租赁机构购买建筑物前应获得使用证书。这将提醒使用者，整个建筑物是否经过了主管部门的审核。

除了建筑物需进一步提供结构资料外，这些资料常是“租赁人装备”档案中的一部分。这些档案一般不包括既有建筑结构系统设计和代之的混凝土新结构件如何影响既有建筑的内容。

3.4 基本定义

静荷载：它是指所有永久性建筑材料的总重量。它包括屋面材料、框架和其他结构件，如墙体、地板、屋面、吊平顶、楼梯、内置隔断、饰面、覆面和融入的其他类似建筑与结构内容，还有固定的服务设备（包括吊车等）。静荷载在建筑的整体设计中是被事先确定的，并被赋予一个较低的安全系数。所有静荷载均被视为永久性荷载。

附属荷载：附属荷载是静荷载的一种形式，它包括不属于永久性建筑材料的任何材料的重量。附属荷载可包括电线管道、喷淋系统、吊平顶、照明与其他材料。

活荷载：它是指建筑物的使用者、家具、机器、设备等的重量。对活荷载的量化很困难，它在建筑物的整体设计中承载着很大的安全因素。在施工与维护中出现的其他活荷载如工具箱、临时用发电机等，也必须同时考虑。

雪荷载：它是指建筑物屋面上积雪的很大重量。雪荷载很大程度上取决于建筑物的最终地点。屋面坡度是确定雪荷载的一个因素。

除了屋面雪荷载外，也必须考虑地面雪荷载。屋面雪荷载通常小于相应的地面雪荷载，因为屋面雪荷载经常因融化与风吹而消除。

风荷载：指强风施加在结构上的力。

地震作用：指由于地震活动作用在结构上的力。

持续荷载：持续施加一段时间的给定荷载，或间歇性施加一段合计时间的相同荷载。

荷载系数：考虑了荷载在转化为荷载效应分析中的不确定性和较多极端荷载同时发生的可能性，说明实际荷载与名义荷载之间偏差的一个系数。

冲击荷载：移动的机器如电梯、起重机导轨、车辆、其他类似力所产生的荷载，以及动荷载、压力和固定或移动荷载可能产生的附加荷载。

注：起重机导轨是指起重机循其运动的结构或结构件，它可能包括立柱、桁梁与轨道。

设备支撑：指一个构件或构件总成或制成件，包括支架、框架、吊耳、座架等。它传递重力荷载、设备与结构之间的运行荷载。

第 4 章

新结构

4.1 初步调查

一旦确认某块土地为新设施的可能地点时，首先应着手一些调查活动。从结构角度来说，其中最重要是土工技术活动与随后的报告。

土工技术报告是提供现有土壤资料，推荐现场准备或土壤改善活动的做法，以及推荐建筑物基础设计的参数。在土工技术报告中，至少应提供以下资料：

（1）场地地质情况说明；

（2）场地准备推荐方案；

（3）极端冻土深度；有可能时细查深度；

（4）建议基础可能采用的类型；

（5）有关地震的土壤参数（根据当地建筑规范）；

（6）荷载下可能的总沉降与不均匀沉降；

（7）地下水位高度；预期的季节变化（如适用）；可能影响基础的当地有关气候资料；

（8）讨论预计的施工难点，例如岩石、膨胀性材料等。

在经过调查，随后确定新设施的地点后，第二步是开展更广泛的土工技术勘察。作为勘察工作的一部分，在新设施的地域范围内，应进行土壤钻孔测试，其范围应至少延伸到超过设施边界 100ft（30.48m）。钻孔网格一般为 50ft×50ft（15.24m×15.24m）。

这一广泛性勘察将为土工工程师确定土壤改善、需满足建筑结构承载能力要求提供足够的资料。

对现场进行具体的抗震研究是初步调查活动中常被忽视的调查形式。这类研究，通过确定真实的现场测试和获得比建筑规范所述理论设计系数小一些的设计系数，可为后阶段的建筑施工项目提供很大的经济效益与时间效益。

该研究结果能正确确定现场抗震等级，减小现场抗震系数［在ASCE Standard 7-05，Minimum Design Load for Building and Other Structures中，允许减小达20%（ASCE2005）］，进而也表明在建筑结构抗水平力系统方面能节约大量费用。更重要的是，甚至不需要对建筑基础设施组分设抗震约束。

4.2 协调

设计团队的所有成员必须将自己的文件与其他专业成员的文件进行协调。通过一个集中管理点进行信息自由流动，使一个统一实体了解发生的每件事情，包括需求什么信息、提供了什么信息和最需要的是什么等。一般来说，该角色应由建筑商担当，但在设计/建造阶段，它可被分派给施工经理或承包商来担当。

4.3 建立设计标准

在建筑行业中，数据中心多少有点特殊，因为建筑物围护结构（结构系统、屋面、外墙等）的费用与机电系统、建筑围护结构内最终容纳的数据通信设备相比，是相对较少的。因此，需将有关建筑结构的事项搁置一边，将结构的每个方面进行全面评估。评估的目的是要建立结构系统的设计标准。

在以下内容中，将介绍许多需要的结构设计标准，并汇总于表4-1中。

建筑结构设计标准 **表4-1**

1. 确定吊平顶净高。
2. 确定柱距。
3. 支撑系统定位。
4. 确定当前与未来的所有荷载。
5. 确定框架偏移限值。
6. 确定沉降限值。
7. 确定变形限值。
8. 确定超规范要求的基本目标。

4.3.1 适用性

在设计任一特性的数据通信设备中心时，清晰地理解业主将所设计系统的适用性置于怎样的位置上是非常重要的。

数据通信设备的“更新率”为3～5年；这意味着在最长5年中，当今最先进的数据通信设备将陈旧，有可能要安排更新。

一个典型设施的设计与建造时间为12～18个月；机电基础设施的预期寿命为15～20年；建筑结构的预期寿命为20～50年。因此，建筑结构系统的寿命可能比数据通信设备的寿命长5～10倍。不可能预测数据通信设备对建筑结构的要求，不可能预测支持未来建筑物基础设施的要求。然而，采用一个结构设计标准，使建筑结构容易满足未来要求是可能的。

一些具体的适应内容也许包括以下方面：

（1）适应未来更重的楼板活荷载的能力；

（2）能接受未来在楼板上或头部上方敷设支持性管道、电缆桥架和导线管的能力；

（3）未来能在结构上穿洞的能力；

（4）未来能让新、大与/或重的数据通信设备和建筑基础设施的设备进入建筑物内的能力。

4.3.2 确定净高

净高或头部上方空间是指结构楼板之顶到头部上方结构系统（它也可能支撑屋面系统或上方的楼板）之间的距离。

在传统的建筑工程中，常有一种尽可能降低净高的心态，因为它可节约建筑物覆面系统的费用，在多层建筑物中也许可额外增加楼层数。但数据通信设备中心因常用架空可检视地板（RAF）系统，需容纳电气、机械与IT基础设施，故其净高大于平均净高。这些设施要求的层高更像仓储建筑，而不像办公建筑。

由于在设计过程中必须相对较早地确定净高，因此假定基础设施可超出概念进行配位是不合理的。如图4-1所示，通过对基础设施各组分别授予空间进行竖向分区规划，可帮助确定需要的净高。

净高过低将最终导致机械、电气与给水排水（MEP）基础设施的设计和施工中超出配位高度，这反而会造成费用增加、计划时间超过。相反，若净高过高，将导致效率低下，由头部上方结构支撑的MEP基础设施的安装费用增加和需要增加柱件结构的自身费用。

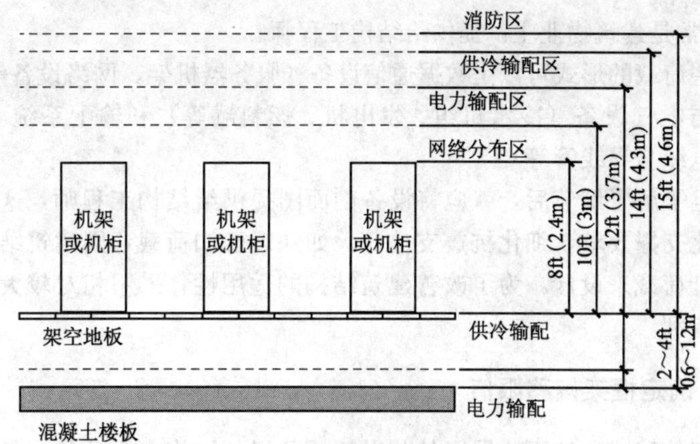

图 4-1　竖向分区规划示例

除了在架空可检视地板区域上方进行竖向分区外，净高对机械与电气设备间也十分重要。在设计机械、电气设备间时，应更多地考虑设备自身的高度；在设备下方，应考虑特殊基础与辅助垫层需另加的高度；在设备上方，应考虑导线管和管道转弯半径、管道法兰和阀体的额外高度；在发电机房内，如排风消声器位于机房内，则应考虑其需要高度。

4.3.3　确定柱距

位于数据通信设备区域内的所有立柱可能会妨碍数据通信设备的布置，损失此宝贵空间的可利用面积。

在结构系统中，柱子的间隔可以很大，但会增加结构的尺寸、重量与费用，因此建筑物的柱距标准需进行评估和优化。

有助于优化柱距的一种方法是进行初步规划或建筑物楼面的平面布置。在建筑物的不同区域内有不同柱距可能有好处，例如在数据通信设备区外，可能有机械、电气设备间，其中的基础设施是由上部结构支撑，或位于屋面上。在这种情况下，较近的柱距也许应优先考虑。

在数据通信设备区域内，若已知数据通信设备的配置，则有可能配置好柱距，以减少对设备的妨碍。

4.3.4　确定荷载标准

收集结构荷载资料非常重要。在数据通信设备中心内，通常是有些荷载悬挂在头部上方的结构系统上，另有些荷载是置于屋面或楼板上。荷载的大小与位置必须由设计团队的其他成员（建筑师、MEP 合同商、防火人员等)，常是建筑物业主，提供给结构工程师。

这些荷载的形式可以是数据通信设备（服务器机架、网络设备等)、供冷设备与电气设备（冷水机组、发电机、燃料罐等）和输配系统（管道、风管、电缆与导线管等)。

一旦了解了细节后，就应将设备剖面图提供给结构工程师，这样他们便可细化支撑要求、细化抗震支撑等。如缺乏已知荷载，则建筑结构区域可用估计荷载来设计。为了改善建筑结构的适用性，采用相对较大的附属荷载较有利。

4.3.5 确定框架偏移限值

框架偏移或称地面或屋面处相对于原位置的结构水平位移，是结构设计中非常重要的部分。偏移要求会在很大程度上影响所选结构的类型。

抗力矩框架比系杆框架或剪力墙系统有较大偏移的倾向，故采用此类系统会致使结构件损坏较严重。基础刚性（数字 0 和 1 用于量化框架基础系于地面的程度，0 表示没有连接；1 表示完全刚性连接）也是有助控制偏移的重要考虑因素。

柱基通常被视为“管脚”，这样可以让柱相对于“脚”稍许旋转，甚至“脚”自身作微小旋转，但这种旋转对于抗力矩框架会增加偏移。所以，为了减小框架偏移，通过加强柱的基础板、强化螺栓与防旋转基础的方式，有时将抗力矩框架的柱基设计成“固定”的，或防止相对于基础进行旋转。

限制偏移量对最终安装在数据通信设施内的机械、电气基础设施非常重要。例如，若管道悬吊并水平支撑在结构上以抗地震力，则接到安装在地面上的设备上的管接头，在地震力或风力作用下发生偏移时会受损或被破坏。

4.3.6 系杆系统定位（抗水平力系统)

减小偏移量的有效方法是采用抗水平力系统。该类系统有 X 形系杆、斜角系杆、多种人字形系杆、刚度均匀的抗力矩框架等系统。另外，还可采用融入了承重或非承重的混凝土砌筑单元（CMUs）或混凝土墙。系杆或墙体的类型取决于跨距要求。

一旦确定了系统的内部走向、出口路径，则系杆系统就可定位。系杆系统的最终位置与类型应与机械、电气输配系统相协调，以免冲突。例如，应小心避免在外墙或内墙内横穿系杆，它与垂直走向的管道、导线管或嵌入墙内的配电箱会有冲突。

4.3.7 确定沉降限值

在数据通信设备中心结构中，优先考虑的建筑物沉降上限值通常为0.5ft（12.7mm）。由于地面下的土壤并不均匀，事实上，在很短距离内其均匀性可能会相差很大，常使建筑物产生不均匀沉降，这种不均匀沉降称为“沉降差（Differential Settlement）”。

数据通信建筑结构内立柱与立柱之间的可接受的沉降差限定值通常为0.5英寸（12.7mm）。这对框架变形、排水及悬挂材料一般是可接受的。相对高度差引起的问题（如混凝土楼板裂缝、管道与其他基础设施中的应力形成等）因屋面变形或楼板框架构件变形而增加，此问题将在下节讨论。

4.3.8 确定竖向变形限值

为了满足竖向变形规范的要求，国际建筑规范（IBC）(ICC2006）与类似规范对支撑件的跨度进行了限制，以控制活荷载引起的支撑件竖向变形。跨度L以英尺（feet）计；当支撑材料在变形后会损坏时，用米（m）除以360计。它包括硬质吊平顶和易碎的饰面材料，但不包括搁置型吊平顶板、电缆桥架、电线架等。

对于这些材料损坏潜在性和损坏的可能程度，设计工程师必须采用声学法进行判断。根据以往的经验，建议数据中心结构按最大活荷载下的竖向变形值为$L/360$或0.5ft (12.7mm)。如跨度非常大，则建议钢构件、桁条或冷轧钢的形状为拱形，这样可让梁或桁条在完全变形后的最终位置呈相对水平。

由于变形，还可能有沉降影响，故悬吊在结构上的管道、导线管或设备的连接设计必须在系统安装及测试期间能进行调整。管道、柜架与设备在空着悬吊时，结构会有变形。

当系统注有水或其他液体，或有柜架、电缆桥架系统、导线管、电线或电缆时，则系统就有荷载，偏移会增加。在每个加载周期后，安装者必须调整吊杆。根据跨度、计划荷载、安装顺序及维护情况，可能要求支撑构件的大小在水平荷载（大于建筑物重量的所有其他荷载，不包括活荷载）下的变形不超过$L/500$。

4.3.9 确定水平变形限值

对于经受并抵御水平地震力和风力荷载的竖向抗水平力的构件，也必须确定其变形限值。此限值通常由所用的墙覆面材料确定（例如，混凝土墙的最大水平变形值为 $L/600$)。一般来说，不让硬性饰面材料或设备紧贴经受的变形或偏移量会损坏饰面的构件上。

4.3.10 确定超出规范要求的基本目标

由于结构总有缺陷，故传统的建筑结构设计限定为满足规范的最低要求。超出规范的任何事情必须明确，额外费用需在过程早期被业主接受。以下为业主可能需要结构件超出规范最低要求的一些情况：

(1) 抗飓风与/或龙卷风，直线风速达 140～200 mph (225～322 km/h)；

(2) 极大的雪与/或冰荷载；

(3) 屋面排水失效，水荷载过大；

(4) 确定了一个超出规范最低要求的建筑物重要系数（重要系数的详细说明见附录 E2)；

(5) 结构需抗爆炸、飞弹、车辆或其他威胁力的冲击；

(6) 结构在最初一个立柱因超载或冲击而被损坏后，能抗御进一步发展。

第 5 章

既有结构与新增结构

5.1 初步调查

5.1.1 土工技术

当数据中心使用既有结构时，建筑物的业主与结构设计专业人员应获得原建筑地下岩土的勘察报告与基础推荐内容。此外，建筑物业主应进行另加的土工技术调查，以确定底土状况是否适用于数据通信设备中心。尤其是业主应发现新施加在结构上的荷载是否能被基础很好地承载，新结构是否能被新基础支承。除了前面讨论的内容外，此项调查应包括但不局限于以下内容：

（1）应在结构所在范围内进行土壤钻孔，以确定底土层中的水位与湿度；

（2）确定底板处和地板下 1～6ft（0.30～1.83m）处的承载力。

如果湿度状况在预料之中或已知有问题，则应分段进行湿气散发试验。

土壤钻孔应在结构范围之外将来有机械、电气和其他设备的地点进行。土壤钻孔是用于确定底土层能否支撑基础，更好地了解规划用作其他结构的区域的地面潜在沉降情况。如果土壤钻孔和有关计算标明沉降值超过了新结构的允许值，则设计人员应确定补救方法或采用适用于所遇土壤的深基础。

勘察土壤的原因是，结构范围内“就位”的土壤承载能力有可能比原合同文件中说明的承载能力小得多。大多数结构回填在 10ft（3.05m）范围内是很密实的，但大多数数据中心的设备场地延伸范围超过了 10ft（3.05m）。

5.1.2 既有结构设计图审查

如有既有建筑物的基础图纸，则这些图纸应提供现有结构系统是何种类型，结构是如何支撑的，以及在何处支撑等资料。施工文件还应包括采用的设计荷载、结构设计采用的规范、采用的基础、补充的非结构件和具体的结构设计（较早的文件可能给不出这些资料）。此外，还应利用给出的荷载简单地审查构件，以检验建筑物的基本结构。除结构资料外，一些机械、电气和给排水资料也许有用。

与许多老建筑一样，如果不能获得既有建筑的基础图纸，则可能需要花费大量时间去研究，也可能需要测试，以确定上述各种资料。正因为该原因，在此过程中应尽早开始寻找建筑物的基础资料极为重要。

5.1.3 现场考察与原位施工审查

进行现场考察是为了验证所考虑的结构在总体上是否按照施工文件施工。还应进行目检，以确定是否缺失部件（如连接桥、支撑件和螺栓等）。结构工程师应察看可能因沉降而明显出现的险情，察看坚实度、墙体连接情况、屋面洞口的框架和设备支撑、结构维护以及在接合点有否竖向、水平位移迹象等。

在验收了土工技术调研、图纸审查和现场考察后，结构专业设计人员将对新的数据中心进驻既有建筑需要什么会有很好的了解。

5.2 新结构与既有结构协调

5.2.1 净空

结构上部空间高度是既有建筑物转换为数据中心时最具有挑战性的内容之一。当今，由于一些新计算机设备的原因，使架空可检视地板的高度较高。因而新的机械、电气基础设施区域的上部空间高度常小于所需高度。于是，常先将楼板拆除，改造成凹陷状，以便容纳高大的发电机、电气开关柜与冷水机组。

在评估结构的净空高度时，不仅要查看代表性梁或桁架下的高度，还要查看将荷载传回给立柱、下落较低（限制性更大）的深梁和桁架高度。

喷淋系统的干管可以就位或安装在桁架空间内，也可位于桁架与型钢下方，但会影响可用净空高度。室内的屋面排水管、供热机组和其他机械、电气设备也可在屋面型钢的下方。所有这些组件的位置可抬高或重新布位，但移位将会增加工程费用，多花时间和精力。

5.2.2 空间规划

如果空间大小很关键，则应对所有位置的立柱及柱线进行检查，验证其尺寸与垂直度非常重要。立柱垂直度检查可提供有助于空间规划的资料。如一根30ft（9.1m）高的立柱有2in（51mm）的垂直偏差，且其邻近立柱有反方向的垂直偏差2in（51mm），则将导致4in（102mm）的空间损失。

此外，还需雇佣一名勘察员去测量建筑物的外部毛面积与主要竖向通道，如楼梯、电梯井道、公用设施井道等，它们也可能会限制可利用空间。

5.2.3 结构加固与支撑寻位

建筑类别的改变，如从仓库改为数据中心，屋面受载方式从依附方式或机械紧固方式改为承重方式，均对建筑物系统有很大影响。这类变更将需要结构工程师审核作用在结构件、立柱、地基和接点上的荷载，既有结构有可能需要加强或增加支撑。

由于可能对空间布置与整个功能有潜在影响，故在初步规划阶段就应考虑增加水平支撑或加固。新加固结构的下落高度对头上部空间、净空、新系统安装的影响以及新支撑对数据中心系统布置的影响均不应忽视。安装补充性水平支撑系统的可能性位置应在建筑物空间初步规划时寻找。

5.2.4 荷载对既有结构的影响

施工时，大多数买卖性工业建筑物在建造时有约5 lb/ft^2（239N/m^2）的附属荷载。附属荷载是指结构能支撑自身重量或静荷载的静荷载量。有了此资料并知道了结构是否有消防喷淋系统，就可确定结构能支撑的其他静荷载。如果为全喷淋结构，则喷淋系统的重量约为2.5～3 lb/ft^2（120～144N/m^2）。

安装的照明系统通常另加1～2 lb/ft^2（48～96N/m^2）。这样可用的另外承载能力仅有1～1.5 lb/ft^2（48～72N/m^2），它小于搁置型吊平顶、吊杆和格栅需要的重量。吊平顶系统的材料重量通常为2 lb/ft^2（96N/m^2）（见附件B）。所以，在附属荷载已经达到5 lb/ft^2（239N/m^2）的既有结构中，如结构未经加固或未增加新的支撑结构，则也许不可增加新荷载。

较早的建筑规范允许在承载面积大于200ft^2（19m^2）的屋面构件上和承载面积大于150ft^2（14m^2）的架空地板构件上减小活荷载，但较新的建筑规范已经修订，且对此类减小有所限制。有些情况下，它们已改变了所需荷载的组合，这样的变更已大大影响了结构的承载力。

建筑规范允许活荷载减小是基于柱台面积上可承载最大活荷载(lb/ft^2)的假设，但这种均匀荷载不会恰好真实发生在整个柱台的任一点上。此假设要求大的计算机房采用均匀荷载缺乏真实性。对结构的评估应寻求活荷载减小，它因一些主要支撑梁与桁架承载能力减小，从而真正减小了地板的实际活荷载承载能力。

数据中心的设计活荷载各不相同，但常在表 5-1 所示范围内。大多数建筑物内办公区的设计活荷载为 50 lb/ft^2（2.39kN/m^2）再加上隔断活荷载 20 lb/ft^2（0.96kN/m^2）这样小。建筑规范也可能在某些条件下允许减小 50 lb/ft^2（2.39kN/m^2）的活荷载，相对较小的活荷载与活荷载减小严重地限制了在大多数建筑物内的架空地板上扩大数据中心的可能性。在既有建筑物内，应仔细了解数据通信设备最不利的荷载情况和附属基础设施的悬吊荷载。

此外，还应了解移入机房内的设备所施加的荷载。当这些荷载超过了建筑物楼板系统的承重能力时，则需进行结构加固，或让设备有足够间距，使结构不致超载。如间距受限，则应准备清晰、良好的间隔指导文件，并提交给业主，以便在设备进场和安装期间使用。

典型设计活荷载 **表 5-1**

用途	设计活荷载［lb/ft^2（kN/m^2）］
典型办公区域	50～100（2.39～4.79）
电信中心	75～150（3.59～7.18）
数据中心	100～200（4.79～9.58）
服务走道	100～150（4.79～7.18）
机械与电气间	125～250（5.98～11.97）
高密度文档区域	175～250（8.39～11.97）
电池堆存区域	600～800（28.73～38.30）

5.3 新组件

5.3.1 引言

大多数新的数据中心有着复杂的机械、电气、给水排水和消防系统的要求。这些系统一般需要在地下或地面上安装导线管和携带导线管的电缆桥架。机械站房要求头部上方很大的管道系统支承在上方的结构上。当头部上方有给水排水管道时，则可能要求隔离这些管道，防止因渗漏而损坏设备。消防系统的类型和设计有很大的不同，既有系统可能需要部分改造或甚至拆除。

5.3.2　基础处理

既有建筑可能是采用浅基础或深基础建造的。浅基础中有距离放宽的独立底座、组合底座、斜坡上有平板的整片底座或有类似的专门垫层或肋板基础。基础也可以是有钻孔桩、打入桩（drive pile）或现浇钻孔桩的深基础。虽然打入桩在施工时产生的振动可能会损坏既有结构、饰面或仍然保留的其他构件，但在某些情况下还是可接受的。浅基础可以支撑在废材料、工程回填土、密实砂石（振浮压实）等上面。深基础利用周围土壤的摩擦力或此两种方法组合可支撑在合适的底土层或岩石上。

当需要将新的浅底座设在既有底座附近时，则推荐新底座与既有底座之间保持较大的间距。既有底座很可能是由土壤构成的，并可能大于原合同文件中规定的尺寸。

地下管道及导线管也需要开挖沟槽，故必须小心，不得穿过基础影响线，否则可能会破坏既有基础，导致额外沉降，损坏既有结构。在表示既有底座和规划沟槽的断面图中，基础影响线是指从既有底座的主侧面至沟槽底向外呈 45°角的一条直线。在不可能将沟槽定位在基础影响线外侧时，应向岩土工程师咨询其他建议。

此外，采用螺旋锚件、打入桩或压入小型桩以支撑既有底座也许有必要，虽然这种在底座下的加固方法很费钱。当在用石灰、煤灰等稳定的土壤上面切割结构板时，必须注意不采用很多水或让水渗入残留的高塑性材料内。这种材料位于经过处理与回填的材料的下方。在导线管承台或其他公用设施下的土壤，也可能有必要进行处理。

5.3.3　已完工情况

暴露的材料一般容易检查其是否符合原始合同文件或当前的需要，但既有的地下情况则是另一个问题。既有地下公用设施或回填物料只能用公用设施定位器或通过拆除某段板块并进行广泛的土工技术调查来确定位置。任何时候拆除结构板块或在邻近基础处开挖沟槽，都应向结构工程师咨询。如不这样做，不在原位上采取暂时性结构措施，则会导致板块开裂，损害或破坏基础。当暴露的桩或柱的有效长度因被切割或在地下由土壤支撑而增加时，有可能受到损坏。

5.3.4　既有结构受影响程度限制

只要有可能，对既有结构的改造应限制在非结构部件上，但在许多情况下这是不可能的。如果像仰倾墙、预制墙板或混凝土砌块墙这样的组件被切割或钻孔，以便让导线管或风管穿过，则这类可能的损坏过程必须引起结构工程师的注意，如需要，应予以加固。

若屋面洞口被纳入屋面平台内，则洞口必须加框架。若采用的是屋面型钢系统，则型钢需加固，以支撑框架。既有结构的改造不应达到要移动立柱或移动支撑系统的程度。然而，如需要这类变更，则必须由一名有执照的结构工程师审核对整个结构的影响。

为了不拆除结构，可能需要做大量的加固、支撑工作，而且花费高。既有结构上的悬吊件必须通过下弦与上弦上的屋面夹具，用认可的吊杆吊在型钢的板座处。

还必须注意不可超过屋面的附属荷载承载能力，包括施工活动时的荷载，以及核查施加的所有集中荷载与均布荷载。结构的各种评估和设计工作应由有执照的结构工程师以具体的标准来进行。

5.4 既有结构加固

5.4.1 引言

如果既有结构已被使用，且吊平顶、风管、喷淋已安装，要加固既有结构则很困难且碍事。承包商需要拆除建筑与机械组件，这种拆除工作会影响同一区域内的工作安排，且限制了其他工作的进行。如果既有结构未被使用，但需提供足够大的附属荷载，则可加固型钢、梁、型钢桁架、桁架、柱和基础。

5.4.2 加强既有结构

若结构的位移大于容许值，若荷载路径清楚，且沿此荷载路径的构件经过了承载能力和规范符合性审核，则可增加支撑。由屋面平台与型钢提供的内墙水平力支撑必须进行审核，也必须对屋面能承受向上举力和位移予以足够考虑，还必须对型钢的下弦和底部桁条（屋顶的水平构件用于支撑屋面平台）提供支撑。

5.4.3 既有结构的影响

对既有结构应减少过多的加固措施。如有可能，在设备站房和数据中心内应采用独立的支撑系统，以限制对既有结构进行加固。

5.4.4 既有结构加固，延长使用寿命

绝大多数结构的服务寿命为30～50年。如结构牢固，且符合最新规范要求和不断对其进行维护，则它的服务寿命有可能再延长30～50年。

第 3 部分
建筑基础设施

第 6 章
建筑结构形式

6.1 概述

建筑结构的设计至少应满足生命和安全规范的要求。如前面的章节中所述，数据中心应设计成能满足更高的标准。本章着重讨论建筑结构的形式及其相关事项。

6.2 预制金属结构建筑物

这是专业工程师常设计的结构形式。预制金属结构的设计能支承雪、雪滑动、雨、风、地震荷载与建筑物的静荷载以及喷淋系统、照明、风管与系统、吊平顶及配线等预期使用的荷载。这些使用荷载被称为附属荷载。它们的数值是变化的，但对数据中心来说，不超过 20 磅/平方英尺 (958N/m^2)。

预制金属结构虽然有时会采用典型的框架构件（见图 6-1），但通常采用由公司的工厂或加工车间加工的特制钢构件。

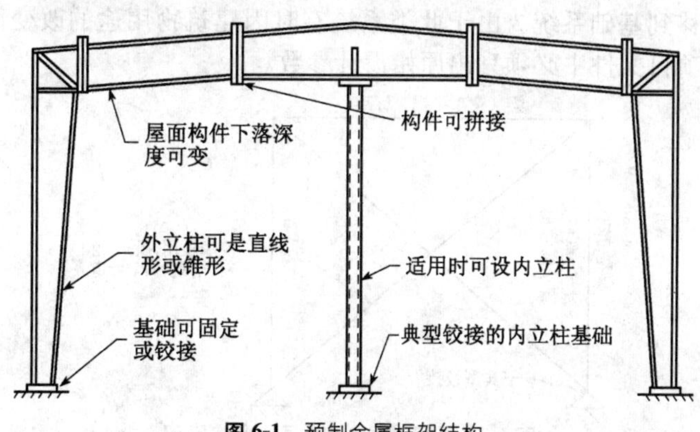

图 6-1 预制金属框架结构

预制金属结构制造商通常采用的结构变形和偏移范围可能不足以满足数据通信设备中心的要求，故可能需强制采用更严格的要求。

每个屋面除了满足可适用建筑规范中规定的活荷载与风、雪荷载外，它还应支承附属负载。在缺少需确定实际附属荷载的具体资料时，建议在跨度中间以施加 2000 磅（8898N）集中荷载的形式来替代附属荷载。结构除了需支承垂直荷载外，还需支承来自风力、地震力以及来自机架、支柱和架空可检视地板等支撑力的水平荷载。

通常由预制金属结构供应商提供并安装的屋面绝热也必须仔细审核，确保能提供高于规范的热保护。

6.3 支撑框架或剪力墙结构

这类建筑物通常采用典型设计和框架系统，且一般由有资格的结构工程公司、建筑/工程公司或设计/建筑承包商的工程师设计。与预制金属结构相似，它们能支承规范要求的荷载，但并不利用特殊或专门构件，常采用标准钢构件。

利用混凝土或混凝土砌块剪力墙的建筑物通常在建筑物周围集中此类组件。建筑物规模大时，由于荷载或配置问题，需要设伸缩缝或要求增加支撑，还可能采用内部剪力墙。但这样做需要很大的空间，且可能干扰建筑物布置或设备路线，所以可能会采用 X-支撑、对角支撑、任何形式的人字形支撑（“K”或“V”形等）或其他支撑形式。根据设计要求，这些支撑的位置可以是同心或偏心。通用型支撑系统的立面示例如图 6-2～图 6-6 所示；剪力墙立面示例如图 6-7 所示。

图纸上应清楚地表明各种荷载路径或荷载通过结构转移的方法。尤其重要的是支撑系统的位置，在此位置上，所有分布组件产生的水平力必须集中并转移到基础系统。由于此类系统有时因建筑物用途的改变而必须变更，故在项目文件中必须列出原始设计参数。

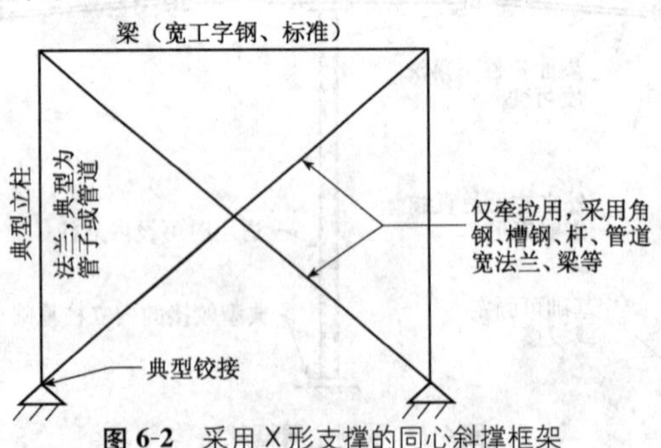

图 6-2 采用 X 形支撑的同心斜撑框架

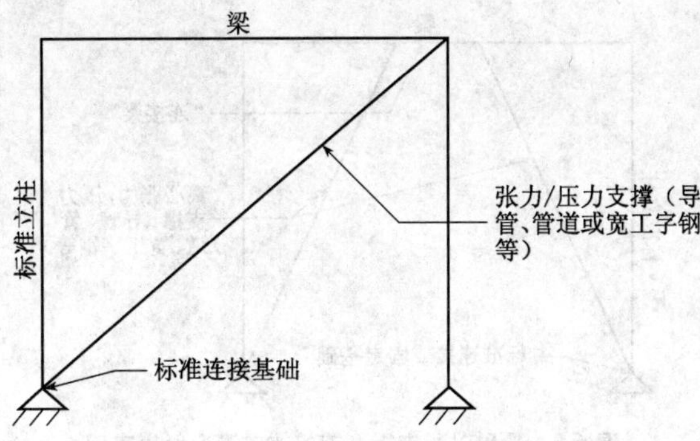

图 6-3　采用对角支撑的同心斜撑支架

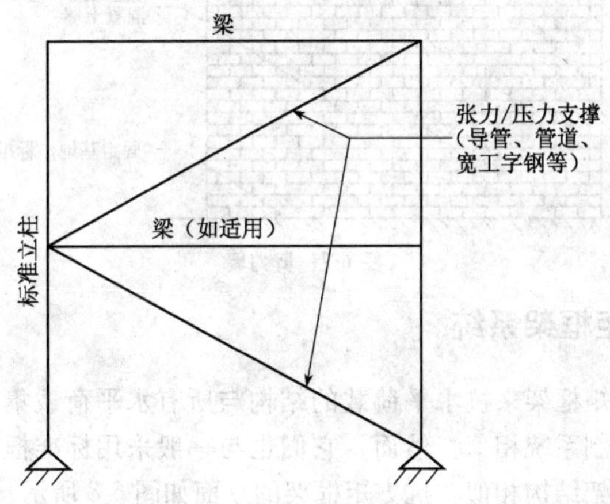

图 6-4　采用 K 形支撑的同心斜撑支架

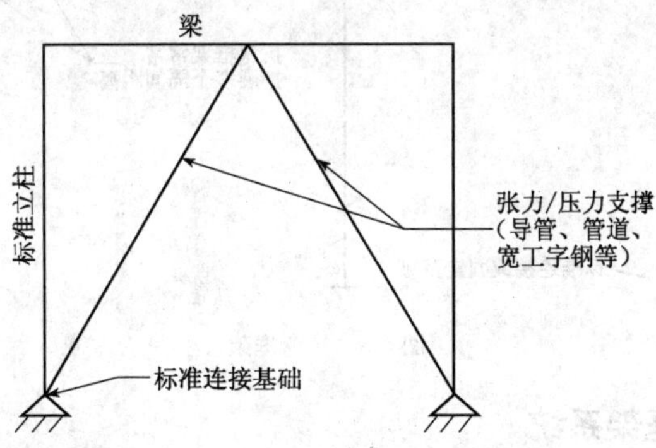

图 6-5　采用 V 形支撑的同心斜撑支架

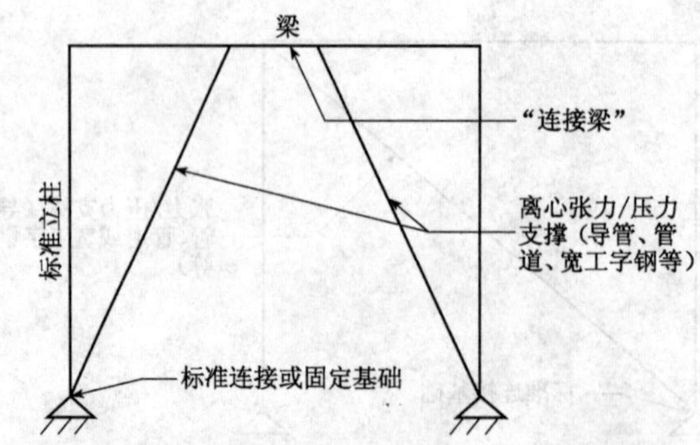

图 6-6 采用对角支撑及连接梁的离心斜撑支架

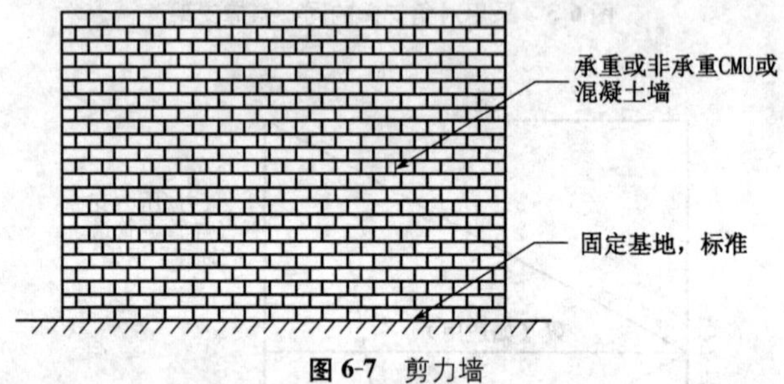

图 6-7 剪力墙

6.4 抗力矩框架系统

利用抗力矩框架来抗水平荷载的结构与所有水平荷载集中并传递给结构中框架的预制系统相似。然而，它们也与一般采用标准框架构件的剪力墙或支架型框架结构相似。抗力矩框架的立面如图 6-8 所示。

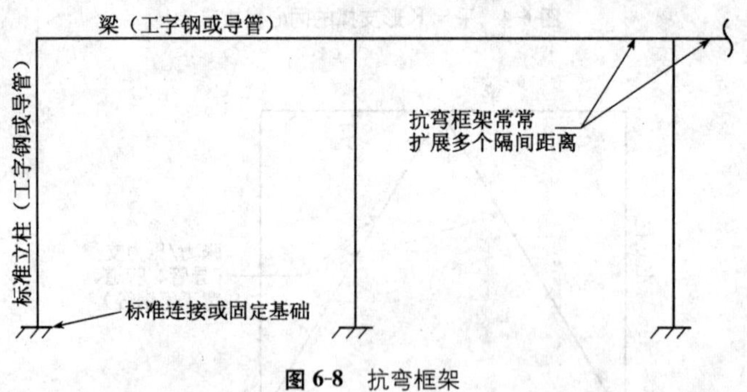

图 6-8 抗弯框架

6.5 组合框架系统

为最好地服务于所要的建筑用途，可采用各种组合型框架结构。

第 7 章

建筑基础设施概述

7.1 概述

在本书中，建筑基础设施包括电力系统、供冷系统、通信系统以及支持这些系统的结构。

基础设施有内部基础设施和外部基础设施之分。内部基础设施可位于数据通信设备的上方（如吊在吊平顶空间内）、在架空可检视地板空间内、架空可检视地板上、沟槽内、墙上或在结构楼板上。外部基础设施可位于地面上、高架平台上或建筑物自身的屋顶上。

建筑基础设施是建筑结构设计中较具有挑战性的内容之一，尤其在机械与电气费用有朝着占总建设费用的 50%～80%的显著趋势情况下。建筑基础设施的挑战之一是众多专业、系统或子系统常聚集在一个区域，使荷载预测和建筑支持系统复杂化。从结构的角度来说，基础设施可分解成支撑、锚固、膨胀及收缩这几部分。

表 7-1 提供了各种建筑基础设施组分及其相关重量的概况。此表内容虽不全面，但它仍然表示了建筑物内有的许多组件和需要的许多结构荷载。表 7-2 和表 7-3 提供了可能有的机械与电气设备的荷载。这三张表中的荷载为通常范围值，真实荷载应依据每台设备来获得。此外，设备的“湿重”（例如管道及水力系统中设备充灌了水）也很重要。

一些基础设施组件 **表 7-1**

组　件	重量范围① [lb/ft² (kN/m²)]
机械	
HVAC 管道	10～50 (0.48～2.39)
雨水及卫生工程管道	10～15 (0.48～0.72)
冷热水管道	1～5 (0.05～0.24)

续表

组　件	重量范围[1] [lb/ft² (kN/m²)]
喷淋管道	2～10 (0.10～0.48)
风管	5～10 (0.24～0.48)
电气	
电缆及导线管	2～10 (0.10～0.48)
电缆与电缆桥架	10～50 (0.48～2.39)
母线槽	10～20 (0.48～0.96)
照明灯具	1～2 (0.05～0.10)
普通	
吊平顶	1～2 (0.05～0.10)

① 范围指一般范围，不包括极限值。

一些机械设备荷载　　表 7-2

设备	重量范围[1] [lb/ft² (kN/m²)]
冷却塔	75～125 (3.59～5.99)
风冷型冷水机组	100～150 (4.79～7.18)
水冷型冷水机组	150～200 (7.18～9.58)
换热器	200～400 (9.58～19.15)
泵	100～225 (4.79～10.77)
计算机房空调机组	75～100 (3.59～4.79)
屋顶型空调机组	50～75 (2.39～3.5)
储水罐	500～1000 (23.9～47.88)

① 范围指一般范围，不包括极限值。

一些电气设备荷载　　表 7-3

设备	重量范围[1] [lb/ft² (kN/m²)]
变电站	100～200 (4.79～9.58)
变压器	150～225 (7.18～10.77)
转换开关	100～200 (4.79～9.58)
发电机	250～400 (11.97～19.15)
荷载排	25～50 (1.20～2.39)
电力输配装置	150～250 (7.18～11.97)
开关柜	75～125 (3.59～5.99)
开关盘	75～125 (3.59～5.99)
配电箱	25～50 (1.20～2.39)
电机控制中心	50～75 (2.39～3.59)

① 范围指一般范围，不包括极限值。

7.2 内部建筑基础设施

内部建筑基础设施可位于数据通信设备间内或辅助房间内，如集中供冷机房、直流电站房或电池房、集中交流电站房、发电机房或燃油储存间。

此类辅助空间内的建筑基础设施的结构要求已超出本书介绍范围，因为对于这些空间，有着成百种不同部件及无数不同的安装条件。但在工程规划阶段，表 5-1 可作为推荐参考，它有助于区分不同房间内预期的活荷载。

表 5-1 中的活荷载表示楼板支承的设备重量。应注意的是，在集中的设备站房区域内，通常有很重的管道和电源线管等的荷载，它们需悬吊在结构的上方。图 7-1～图 7-6 提供了可能需要结构支承的内部建筑基础设施组件。

图 7-1　悬吊在上部结构上的管道

图 7-2　楼板面上的发电机

图 7-3 集中供冷站房内的管道

图 7-4 直流电源间内的电池

图 7-5 配电设备

图 7-6　水冷型冷水机组

7.3　外部建筑基础设施

外部建筑基础设施包括设备和供给建筑物的一种供冷、配电手段。该基础设施通常与配电及供冷系统有关，还包括如备用发电机、变压器、开关柜、冷却塔、风冷型冷水机组、屋顶型空调机组、空调器、泵及储水罐等设备。

如前所述，外部基础设施可位于地面（设备场地）、高架平台或建筑物自身的屋面上。图 7-7 提供了数据通信设备中心外部建筑基础设施组件的可能位置一览图。

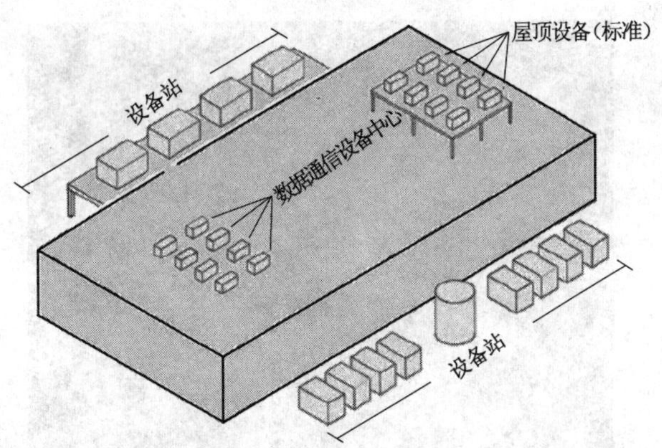

图 7-7　数据通信设施的外部建筑基础设施一览图

建筑基础设施与建筑物的接合须加注意，包括对地面上安装的设备与建筑物之间沉降差异潜在性的评估。由于外部基础设施（管道、导线管等）的输配要穿过建筑物的外墙或屋面，所以了解建筑物偏移与变形的相互作用也同样重要。如设计不当，则在这些接合处可能会出现渗水，甚至会导致有形损坏。

基础设施（管道、导线管等）穿过建筑物外墙或屋面。了解建筑物偏离及其造成的相互作用同样非常重要。如果设计不正确，这些界面可能会出现渗水甚至有形损坏。

从结构的观点看，地面上的设备除储水罐外，大多数容易处置，与建筑基础设施有关的荷载要求是可以通过标准的土壤处理技术很容易获得。例如，大多数土壤在改善后有 1000～1500 lb/ft^2（47.88～71.82 kN/m^2）的承载力，但立式储水罐传递的荷载可能会超过此值，于是可能需要深基础（桩、台座等）。

只要基础设施位于既有建筑的屋面上，则必须对既有结构进行评估，确定既有结构件是否有足够的剩余承载能力，或是否需设计和施工新梁、柱和基座。图 7-8～图 7-12 为可能需进行结构支撑的外部建筑基础设施。

就像建筑物自身一样，所有外部设备会遭受不同大小、不同方向的风荷载（见图 3-1）。在国内的不同地区，龙卷风和飓风等强风或暴风雨事件发生的可能性较高。在此情况下，应对结构系统、与建筑基础设施的接合进行仔细评估，并考虑加强结构系统，使其超过最低规范要求。同样，对设备自身也应评估，确保其足够坚实；也常按最大风速设计特殊的设备部件（例如发电机隔声罩、冷却塔填料等）。

图 7-8 位于地面上的风冷型冷水机组

图 7-9　位于屋面结构平台上的风冷型冷水机组

图 7-10　位于屋面上的干冷机组

图 7-11　位于结构平台上的冷却塔

图 7-12 设置在地面上的备用发电机

第 8 章 基础设施结构考虑因素

8.1 概述

本章的重点主要是位于数据通信设备房间内的基础设施。从结构角度看，基础设施可分解成支撑、锚固、膨胀与收缩这几部分。

8.2 支撑

经验表明，在数据通信设备房间内，最低结构件下方的最小净高要求一般为 16～24ft（4.88～7.32m）。在这些房间内，常安装 2～4ft（0.61～1.22m）高的架空可检视地板系统；数据通信设备自身的典型高度为 7～9ft（2.13～2.74m）；电力、供冷与通信的输配系统布置在设备上方。

在数据通信设备间内，可能以螺杆、缆索和支柱形式出现的基础设施支撑系统的设计与安装有偶然性。每个分包商基本上是有什么用什么来紧固和支撑基础设施，这样常导致不可预见的点荷载和复杂的反作用力。当设施位于地震区时，支撑系统甚至更复杂。图 8-1 和图 8-2 为数据通信设备房间内可能安装的内部建筑基础设施。

附属荷载对建筑基础结构的安装尤为重要，因为要求各分包商协调结构上的悬吊荷载，且需确保不超过结构的承载能力。

从传统上说，了解电缆桥架系统的允许荷载已引起了最大关注。电缆桥架可悬吊在头部上方结构上、被支撑在数据通信设备的机架上或被支撑在支柱系统上，而立柱安装在架空可检视地板上，并将产生的荷载传到下面的结构楼板。电缆桥架主要用于通信系统的传输（它需要铜双绞电缆或光纤电缆）和直流电源布线（它一般远比交流配电系统布线重）。

图 8-1 悬吊在上结构上的建筑基础设施

图 8-2 支撑在楼板上的建筑基础设施

采用电缆桥架系统是因为它们在初步施工期间及未来电缆布线时具有很好的灵活性。最终安装的电缆敷设量是最初设想的 2～4 倍并非罕见，因此需对结构支撑系统进行仔细审核。一种好的做法是辨明并一直记录电缆的设计荷载和数量，或在整个电缆桥架系统中已安装电缆的大约比例。

在考虑新的数据通信设备中心时，不需要大幅度增加整个建设费用来提高屋面、地面、立柱、基础及支撑系统中的结构承载能力。遗憾的是，一些投机性建筑、常按需建造的建筑或业主使用的建筑，是按照最低规范要求精确设计的，不考虑未来承载能力增加的需要。

有时，在费用和时间安排上可受益于通信设备中心具体区域内的重基础设施输配系统的布置。在这些区域内，可利用安装在地板上的结构框架来承受荷载，而不需要工程师预先考虑头部上方的结构，或留过大的承载余量。

8.3　锚固

并不支撑在架空地板上而由混凝土板直接替代支撑（悬吊或位于底面上）的建筑基础设施锚固是十分简单明了的做法。应该知道，按照IBC（ICC2006）的要求，所有大于400 lb（180 kg）的设备都应牢固地锚固在地面上。可位于数据设备房间内并需要锚固的设备示例有：计算机房空调（CRAC）机组、电力输配装置（PDUs）与不间断电源（UPS）。一般来说，此类重型固定设备不会有倾倒问题。当然，这种想法必须得到有资质的结构工程师的确认。

由于锚固主要关注的问题是水平荷载，采用直接紧固的混凝土锚固系统是最直接的方法。混凝土锚固应采用结构混凝土建筑规范要求（ACI 2001）-ACI 318中规定的条款。射入式锚固通常也称为“电动紧固件”，是通过电动工具钻入砖石结构或混凝土的硬化钢销。根据不同的紧固要求，有数种形式与长度不一的锚固件。由于射入式锚固在抗震场合下性能较差，故不应采用。如果数据通信设备中心的配置会随时间而变更，则需采用可更换和拆除的螺栓锚固（如混凝土螺铨锚固）。

许多包含机械、电气设备典型锚固详图的许多标准，如ASCE标准7-05（ASCE 2005）、IBC（ICC2006）可另作指南用。数据中心的两种特殊情况值得另加讨论：一种是坐落在框架顶部、抬升到架空可检视地板高度的计算机房空调（CRAC）机组；另一种则是要求隔振的机械或电气设备。

8.3.1　框架上的CRAC机组

许多安装在数据中心内的CRAC机组是抬高到常称为地承架的钢平台上，目的是与架空可检视地板高度齐平，使机组的底部送风不受阻碍。在此情况下，可适用以下建议：

（1）地承架应由CRAC机组的同一供应商制作，确保它们的设计能配套。

（2）CRAC机组应与地承架完全适配，并用螺栓和供应商提供的部件合适地固定在地承架上。

（3）地承架应有足够的刚度，使另外的放大不会转嫁到机组上。

（4）应采用符合规范的锚固件，将地承架牢固地安装在下面的混凝土板上。

(5) 地承架必须具有足够的支撑，以抗御地震力。

应该注意，业主的工程师核查供应商提供的钢支座计算是很寻常的，确保其安装位置有足量的支座。图 8-3 为 CRAC 机组的地承架照片。

图 8-3 CRAC 机组地承架

8.3.2 隔振

建筑基础设施中有潜在引起振动的设备，例如有含旋转部件的压缩机或风机等设备。因此，此类设备的锚固方法必须确保振动能量不传递给建筑结构，一般来说，锚固方法中将采用隔振器（有关该主题的深入讨论见第 10 章)。

8.4 基础设施膨胀与收缩

管道系统支架设计的挑战之一是系统中温度变化导致管道系统的膨胀和收缩。实际膨胀量是多个变量的函数，它包括管道材料的热胀系数及已知管路的长度。ASHRAE 手册——HVAC Systems and Equipment（ASHRAE 2004）第 41 章“管道、管簇与管件”中可查询到碳钢、不锈钢及铜的热膨胀资料。如果系统采用锚栓等进行刚性支撑，则必须考虑管道的膨胀和收缩，以防止：管道中的应力过大；锚固支撑中的应力过大；管道分岔与设备接管处变形过大。

从热膨胀的角度看，“浮着”（如那些未锚固的系统）的管道系统可认为是较理想的，因为热膨胀应力通常仅在锚固与其他相当刚性的连接处（例如导向装置或穿墙处）之间才发生。然而，几乎所有管道系统都有设备接口和其他约束，因此了解这些点处的最大位移与应力非常重要。据此，大多数系统一般需加锚固，以提供一个不允许移动的参照点。

8.4.1 膨胀回路

能提供膨胀和收缩又同时限制管道系统的最通用方法是利用膨胀回路，利用膨胀回路是因为考虑到管道系统中的弯管具有柔性，并能释放应力。如图8-4所示，一个典型的膨胀回路有四个弯头以及能确保管道按所要方向膨胀，称为导向装置的管道支座。

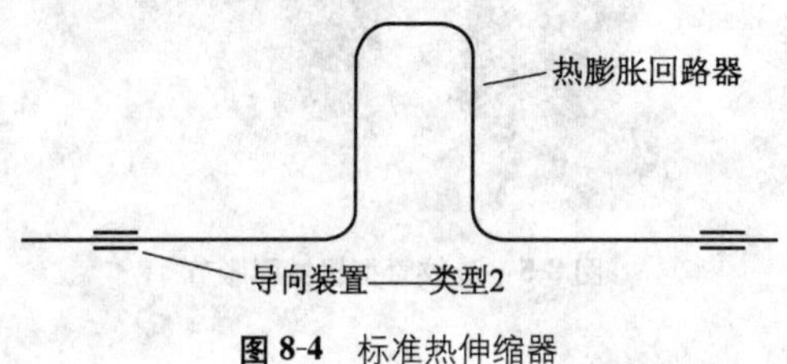

图8-4 标准热伸缩器

除了热膨胀回路外，还有其他几种管道形式可用于管道膨胀和收缩，包括L形及Z形弯管。虽然计算机程序常用于详细的热应力分析，但ASHRAE（2004）手册第41章“管道、管簇与管件”中提供了回路型、L形和Z形弯头的基本方程式。一般说，采用弯管型与回路型来吸收管道系统位移的方法是优先考虑的。但在很多情况下，无足够空间可容纳这种膨胀，特别是在设计温差特别大时，可采用机械膨胀节。

8.4.2 机械膨胀节

机械膨胀节有很多类型，合适膨胀节的技术规格非常重要，要确信膨胀节能提供需要的膨胀量，不会产生泄漏或灾难性事故。机械膨胀节的形式有合分（pack－slip）型膨胀节、活动球状接头、金属波纹管膨胀节、橡胶膨胀节及柔性软管。与上述的膨胀回路相同，机械膨胀节常需要导向支座和锚固才能正确运行，也必须严格遵循制造商的说明书要求。膨胀节制造商协会的标准可能对比较不同形式的膨胀节很有用（EJMA 2003）。膨胀节中的一种典型类型是金属波纹管膨胀节（见图8-5）。它采用薄壁材料，有标定的设计管道压力，内部呈盘旋状，能通过褶叠和弯曲吸收管道系统中刚性部分的热膨胀。

有关管道膨胀的更多资料可见ASHRAE Handbook——HVAC Systems

and Equipment（ASHRAE 2004）第 41 章“管道、管簇与管件”及 ASHRAE Handbook——HVAC Applications（ASHRAE 2003）第 47 章“噪声与振动控制”。

图 8-5 波纹管型机械膨胀节

第 9 章

架空可检视地板系统

9.1 概述

数据通信设备中心内通常安装架空可检视地板（RAFs）。架空可检视地板直接支撑着数据通信设备的所有机架和一些建筑基础设施组件。此外，它还能保护地板下的所有公用设施，并提供可近性。架空可检视地板倒塌或有大的毛病将会严重损害数据通信设备和建筑物基础设施，也会妨碍试图离开机房的人员。所以，架空可检视地板是任何数据通信设施中最重要的组分之一。

数据通信设施内最流行的架空可检视地板系统主要由以下四部分组成：

（1）可搬移的架空地板块；

（2）可调节支座顶板；

（3）支座底座（有时称为立管或立柱）；

（4）系梁。

以下详细讨论这四个部分。

9.2 架空可检视地板组件

架空可检视地板块是一块坚实的板。当需要让空气通过时，它也可穿孔或有敞口格栅。该地板块可用铝板、钢板制作，或如“三明治”一样用两薄钢板夹混凝土制作成。数据通信设备中心内最通用的地板块尺寸为2ft×2ft（600mm× 600mm）。厚度并不相同，通常为 1～2 in (25～51 mm)。

地板块由“下部结构”支撑，包括支座顶板、底座及系杆（见图9-1）。这些组件的材质可以是钢或铝。

支架顶板由支撑地板块的一块平板和可能有的调整片或小块组成，以确保可检视地板块的适当间距。还常有安装转角锁定螺钉用的锥孔，从而将地板块固定在顶板上。

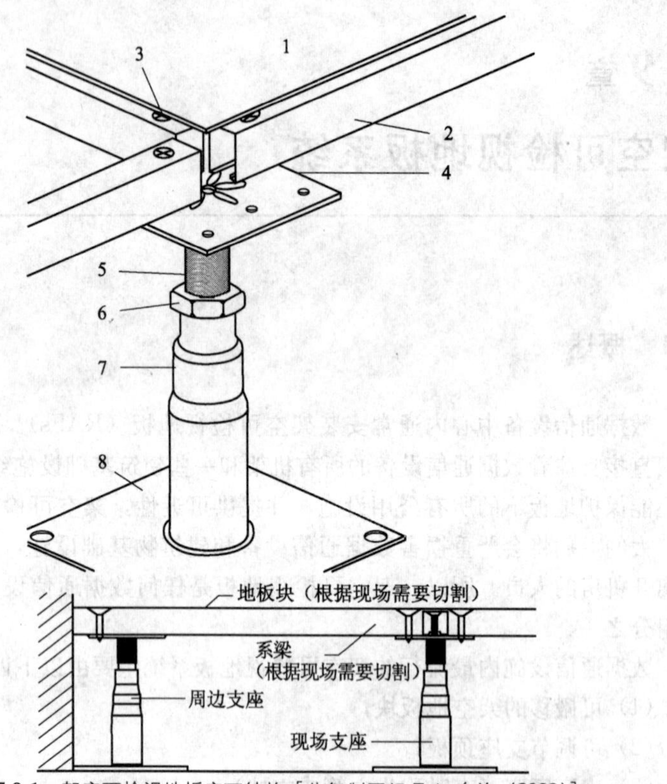

图 9-1 架空可检视地板底下结构［此复制图经 Tate 允许（2003)］
1—架空可检视地板块；2—镀锌钢板压制系梁；3—1/4″，20×13/4″螺栓；4—11 号模压钢板顶板；5—钢螺栓，7/8-9 标准螺纹；6—有锁紧装置的隔振螺帽；7—6A 型镀锌支座管，直径 1/2″—1″；8—6″×6″×6 镀锌钢板支座

在一些系统中，顶板的四个角上有独立的调整片，供系梁用。连接到顶板下侧的是一根坐落在底座内的螺杆。在地面找平后，可用一个螺母调整顶板高度。底座顶板中螺杆部分的材质可以是铸铝或实心钢螺杆。

支座底上有一根带凸缘的管，用于接纳支座顶板立杆和底部带孔的底板，此孔用于必须将底板与机械紧固在结构地板时。支座的高度从 6～48in (150～ 1.2 m) 不等，目前数据通信设施的饰面地板高度为 18in 及 24in (450mm 及 600mm)。支座顶板通常坐落在无机械连接的底板上。

系梁是“咬合”在支座顶板上或采用螺栓直接与邻近支座顶板相连，它们有时为 U 形或管状，长度为 24in 或 48in (600 或 1200mm)。一般来说，安装系梁是为了提供水平稳定性，但有些地板系统需要系梁是为了增加架空地板边缘的承载力。

架空地板块位于系梁上面，它可以靠重量坐定，能方便地检视进入地板下空间；或用螺栓固定在系梁上。

还有一种无系梁的系统，也称为螺栓或角锁系统，它们是将每块地板直接拴在其下面的支座上。但此系统通常使架空地板的高度限为3～24in (0.08～0.61 m)，这一般不适用于数据通信设备区域。

9.3 架空可检视地板结构设计指南

9.3.1 架空可检视地板块承载力

数据通信设备中心内架空地板的主要用途之一是支撑数据通信设备机架和建筑基础设施的某些组件。

架空可检视地板块结构的承载能力可按几种不同的荷载情况分类，它包括最大容许集中荷载、最大容许均布荷载和最大容许滚动荷载（通常仅限于特定数量的通道上），有关这些荷载定义的更多信息见附录C。

架空可检视地板块通常按集中荷载力进行分类。地板块承载的集中荷载范围为1000～ 3500 lb（4445 ～15572 N），所以能以优化的费用来适应各垂直荷载的要求。

大多数据通信设备的安装要求在架空地板块上有孔或有切口。这些切口用于通过地板布置电缆，用于数据通信设备接线到地板下等。根据这些孔或切口的大小与位置，容许荷载值为架空地板块制造商所列荷载限值的50%。

当有孔或有切口的地板块可能会受到很大的设备荷载或滚动荷载时，按标准的做法是在切口的对面再放两个支座。有圆形护孔环、孔直径小于或等于5 in（127 mm）的地板块则无需增加支撑。

9.3.2 架空可检视地板系统的抗水平力能力

架空可检视地板上的荷载是通过其下部结构传递到下方的结构楼板系统上。同样，对于地板块来说，其支座有几种荷载额定值，可根据要求的结构承载能力进行选择。

支座系统通常能充分处置垂直荷载要求，因为支座是位于每块地板块的角下，地板块支撑的垂直荷载能力能满足地板块上的集中荷载（加上系统自重）。

人们对于地板系统水平稳定性的关注常甚于垂直荷载支承能力。水平荷载的大小随架空可检视地板高度、架空可检视地板所支撑设备重量和数据通信设备中心所在地区抗震设计要求而变化。

有关架空可检视地板的高度尚无统一的指南，但一般为 18～ 36 in (0.45～ 0.91 m)。目前有采用更高的趋势，例如 30～ 48 in (0.76～ 1.22 m)，作为支持最新一代数据通信设备增加电力与供冷需求的手段。

随着这种趋势的继续，也随着需要由架空可检视地板支撑的设备重量的增加，相对于较传统的基座—系梁—基础下部结构更加普遍，框架结构系统（由短柱与结构钢梁，也许有抗力矩连接组成）可能开始普及。然而，为了讨论该问题，以下将继续介绍较普遍采用的基座—系梁—基础下部结构的系统。

架空可检视地板系统可采用两个主要方法之一抵御水平荷载：

(1) 固定支座底：水平力可很简单地用悬臂梁与支座来抵御，图 9-2 表示了固定支座底部的安装形式。

图 9-2 悬臂支座底固定的标准架空可检视地板底下结构

(2) 地板下支撑：通过对角支撑将水平荷载直接传递到结构楼板上来补充对水平荷载抵御。图 9-3 表示了地板下支撑的安装形式。

图 9-3 架空可检视地板底下斜撑结构

9.3.3 固定支座底结构概述

架空可检视地板系统的支座通常是用环氧树脂/胶粘剂、机械锚固或两者结合起来被接合在结构楼板上。由于支座底被锚固，故支座本身可作为悬臂梁，可抵御水平力。

在无系梁系统中，所有水平力直接从架空地板上的设备、拴在支座上的地板块传导到支柱顶部，然后通过支座以一定程度传入楼板。因此，必须留意支座位置，它距结构楼板中的任何控制接合点至少保持 12 in (305mm)的距离。

在系梁安装后，水平荷载会通过系梁传递给到许多支座，因此荷载分布更均匀，整个地板荷载可用作结构评估的基础（不需要对位于架空可检视地板上的每个组件的每个荷载进行详细分析）。

然而，支座的悬臂部分仍然是抗水平荷载的主体。虽然在理论上水平荷载可传递到架空地板区域的周边，并被该位置处的结构组件所吸收，但这通常不是一种最实际的做法，因为许多数据通信设备房间内的地板面积很大，聚集的力也很大。

有一重要点需注意，系梁自身的断面很小，所以它的抗弯能力有限。当安装了架空可检视地板后，地板块与系梁相互锁定，形成一个结构膜片。在架空地板下的建筑基础设施施工与安装期间，可能需要移动许多架空地板块，于是膜片也许会受到损害。

虽然架空可检视地板因地板块过多搬动而遭损坏是非常少的，但地板下结构移位或“变形”却很寻常。当发生“变形”时，再要恰当替换被移去的地板块很困难。安装在地板下的支撑系统有助于避免变形的可能性。

9.3.4 地板下支撑结构概述

安装地板下支撑系统能对施加在架空可检视地板系统上的水平荷载提供额外的抗御力。

支架一般含有将水平荷载直接传递给结构楼板的斜撑构件。支架可采用“弹踢器”的形式连接到每个支座的四侧，或采用较长的对角线支架或X形支架，它的跨距按支座选择，最大为 20ft（6m）。

支撑一般建议用于高度为 24in（609 mm）或更高些的架空地板系统，理想地安装在两个方向上，即平行与垂直于数据通信设备的排向。只要系梁在支架之间是连续的，则支架系统可中断。这种布置方式很重要，因为支架连续布置可能会与安装地板下的建筑基础设施（电力输配、管道等）发生矛盾。

9.4 架空可检视地板抗震性能

9.4.1 架空可检视地板历史上的抗震性能与测试性能

遗憾的是，有关架空可检视地板在大地震时的抗震性能的资料不多。在1989年加利福尼亚州旧金山附近发生的Loma Prieta大地震后，地震工程研究所随即提供了一份研究报告。该报告很难对一些问题进行归一，因为地板年代、高度、制造商、采用的水平支撑系统完全不同，且由于地震位于整个海湾地区，地面加速度差异极大。虽然地板未呈现出已受到能表征"设计级"地震的地面移动，但还是有一些有益的发现。在报告的25个案例中，只有7个案例遭受很大破坏，其余18个案例仅有轻微损坏。有几个案例报告了架空可检视地板的损坏，但未报道支座底座或锚固处有损坏的。大多数损坏缘于设备在地板上发生位移［有些案例中地板高度达36 in (0.9 m)］、倾倒，从而损坏了其他设备或地板。这些设备中的多数有自位轮，但未加限定（EERI 1990）。

美国联邦应急管理局（FEMA）的金融、保险与货币服务（FIMS）委利用计算机控制的动态振动台对架空可检视地板及其附体进行了许多实验室测试。这些测试表明，架空可检视地板易碎（无韧性），在第一个部件超出了屈服点或损坏后便无额外裕量（FIMS 1987）。还有一些试验表明，地板块在地板系统剧烈移动时会"啪"的一声弹出。

9.4.2 改善架空可检视地板系统抗震性能建议

在采购位于强地震区的数据中心的架空可检视地板时，为确保其良好性能，应规定许多内容：

（1）支座底板应钻孔锚固或用现浇混凝土固定在楼板上；水平力不应用摩擦、短锚栓或胶粘剂传递。

（2）避免采用无系梁系统，因为它们无法核实荷载途径。

（3）地面系统的设计应能承载轴向荷载（至少一个节间）；应采用机械方法将它紧固在支座顶板上。

（4）支撑（如有）的设计应避免其弯曲受损，应采用结构型材或用管道支撑，不应采用导线管。

（5）支座立柱如采用钢材制作，则应正规焊接在支座底板上，而不采用抗脆性焊接。用户应考虑对基座立柱进行最小水平荷载物理测试的要求。

（6）应在直接有设备依附、承受剪力的所有地板块的角上，用螺栓将其固定在支座顶板上。

（7）直接有设备依附，且由设备传递倾倒力至地板系统（即设备自身无系统止住倒向混凝土板上）的地板块，不应采用滑动的支座顶板，而应有机构传递上举力至支座底板上。

（8）支座应有最大变形限值。

（9）在设备退出通道上，应考虑在所有地板块的角上加螺栓，用于锁定。

这些建议是直接为了确保坐落并依附在架空可检视地板上的设备所产生的水平力，能通过可验证、足够的荷载途径传递到混凝土楼板上。应注意，以上建议甚至在中度或低度地震区也是很好的做法。上述建议中的大部分取自 FIMS 1987 年出版的指南（FIMS 1987）。该文件非常重要，因为它在当时是首先超越行业通常做法的文件之一。其中有些建议已纳入建筑规范中，可较好地替代标准的架空可检视地板设计（见后节“特殊可检视地板”）。

9.4.3 确定架空可检视地板可靠固定建议

数据中心中架空可检视地板的正确固定应由注册结构工程师或由对抗震设计有经验的专业工程师进行设计。虽然“固定”此事似乎简单，但仍会出现许多错误。在进行计算或审核计算时，应考虑如下内容：

（1）在计算架空可检视地板上设备的运行重量 W_p 时（详细讨论见附录C中的 C.4 与附录 E），虽规范要求增加架空可检视地板活荷载的 25％和隔断荷载 10lb/ft^2（0.5kN/m^2），但应考虑采用直接依附在地板上的设备的 100％荷载和由地板支撑但不依附于地板上的设备的 25％荷载。

（2）在低度地震区，有时并非每个支座是锚固在地板上的。在此情况下，应确保有足够的荷载路径通过系梁将荷载传递到未锚固的支座上。

（3）有些情况下，仅在支座底上的两个（不是四个）位置将支座固定在结构楼板上，这些锚栓应始终在对角位置。还应注意荷载的方向—— 常忽视的重要情况是，在垂直于两个锚固点连线方向，支座发生倾倒。

（4）在计算地板上的荷载时，如希望系统能抗倾倒，则应留意水平和垂直荷载的影响。在用垂直设计荷载进行验算时并不保守——计算地震水平力 F_p 时，可采用 W_p 的相同值为最大力（详细讨论见附件 C 中的 C.4 与附录 E）。

（5）在计算锚固处的作用力时，应确信张力与剪力的综合效应。制造商锚固性能报告常会提供两者的互作用比——如无此值，则可在适用的建筑规范中选用一个值。

(6) 在计算作用在锚固处的张力时，应包括杠杆作用的增加值。

9.4.4 特殊架空可检视地板

特殊架空可检视地板是被加到IBC（ICC 2003）与ASCE标准7-02——建筑与其他结构最小设计荷载（ASCE 2002）中的一个新概念。在这些规范中规定要鼓励业主与工程师采用有良好抗震性能（设计特征或加强克服地震荷载）的架空可检视地板。采用特殊架空可检视地板的优点是组分的反应修正系数值 R_p（更详细讨论见附录E）保持为2.5。相反，如不采用特殊架空可检视地板，则 R_p 值减小为1.5，这意味着锚固力将增加40%。要成为合格的“特殊”架空可检视地板，必须包括以下内容：

(1) 传递水平力的连接必须有机械紧固件，满足ACI 318（强度、立柱安装型锚栓设计）(ACI 2001)、焊接或支撑要求的锚栓。

(2) 不得通过摩擦、电动紧固件或胶粘剂传递地震力。

(3) 支撑系统的分析应包括支撑压缩扭曲失稳效应。

(4) 支撑与支座为结构或机械形式；不得采用电气导管支撑。

(5) 设计用于承载轴向地震荷载的地板系梁，必须机械固定在支撑支座上。

第 10 章 振源与控制

10.1 振源概述

建筑基础设施中包括了一些很可能令人讨厌的振源设备，本章主要介绍振源与振动控制。

在数据通信设备中心内，一些有代表性的振源有备用发电机、冷却塔、空调器、冷水机组和计算机房空调机组等。实际上，含有旋转部件的设备如压缩机或风机等均为潜在的振源。

虽然建筑基础设施中组件的潜在振动会传递到数据中心设备房间内，但绝大多数数据通信设备对振动负荷相当宽容，由它引起的故障风险一般甚少。然而，较为受关注的内容是未受控制的振动对振源设备和与此设备直接相连的分布系统的影响。建筑基础设施对数据通信设备成功运行本来就非常关键，它发生故障（如失电或中断供冷），将直接影响数据通信设备。

因此，处理好数据通信设备中心内的建筑基础设施隔振很重要。幸运的是，隔振在行业内相当熟悉，有一些出版物（如 ASHRAE 手册等）提供了有关这方面内容的深入研究，本书仅考虑位于或紧邻数据通信设备房间内的建筑基础设施隔振。

10.2 隔振概述

隔振是限制振源产生的不平衡力进入结构（积极隔振）的方法，或限制结构将振动能量传入敏感部件（消极隔振）的方法。

在建筑基础设施装置中，需要的隔振方法几乎都是积极隔振，如图 10-1所示的积极隔振将隔离振源——大型离心风机，从而使结构受到保护。

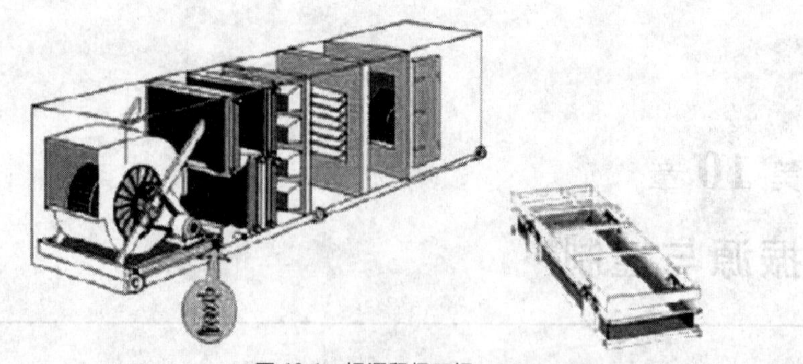

图 10-1　振源积极隔振

隔振器可大致分为两大类：主要用于衰减高扰动频率、限制变形的隔振器；能衰减较低干扰频率、较大变形的隔离器。

术语“干扰频率”是指作为振动能量源的旋转部件的最低运行转速[转/分（rpm)]。由于重量、制造容差或磨损引起重力对部件中的最重运动部分有最大的负面影响，所以干扰最好等于 rpm，因为这种情况每转只会出现一次。

限制变形的隔离器是由不同化合物模压而成的，其变形特性为 0.25～0.5 in（6.25～12.5 mm)、能回弹的圆锥形弹性体。当该隔振器用于地面以上位置时，能有效衰减来自被隔振部件 1200rpm 或更大时的干扰频率。

弹簧隔振器用在转速较低或旋转部件的转速受变频驱动装置控制时。较大的弹簧变形 1～6 in（25～150 mm）能恢复适当的空间关系或部件干扰频率与隔振器共振频率之间的比率。自 20 世纪 40 年代开始使用的隔振器效率方程式已经确定在隔振器移动速度远低于干扰频率时，该比率为3：1。隔离器应采用的类型、变形情况及用于何处，常与被隔振部件的动力特性以及它在建筑物内的位置有很大关系。

部件的位置——在地面上或地面之上、在室内或室外，都是隔振器的选择因素。隔振器的隔振能力随支撑它的体块（例如结构地面系统）的刚度或硬度而异。

对于地面以上应用的隔振器，地板的固有活荷载变形必须增加到根据部件干扰频率所选的弹簧变形上，以克服设计中固有的刚度不够。此关系在 ASHRAE Handbook-HVAC Applications（ASHRAE 2003）第 47 章中有清楚的说明。

隔振器必须隔离和限定设备，也必须能承受很大的瞬间动荷载。这些瞬间荷载可能由地震、风力或人为原因所引起。

10.3 隔振器选择

上述两个重要考虑有助于隔振器选择。另外一个考虑因素是新设备产生的振动能量在一定程度上明显不同于每天24h、7d运行两年后的能量力。部件产生的振动随着内部轴承磨损和公差增大将会明显加剧。不管维护方案如何完美，部件是不可能恢复到像新的一样。

10.4 数据通信设备间内隔振

如前所述，典型的数据通信设备房间内可能安装了许多作为供冷系统一部分的计算机房空调机组。这些机组常有许多压缩机，每台压缩机都是一个令人烦恼的潜在振源。虽然大多数计算机房空调机组在限定变形的装置上进行了内部隔振，但采用这些装置是受到了机组自身内隔振器空间的限制和与压缩机进行内部柔性连接的管道的妨碍。例如：由于柔性接管总长度减去了末端套圈及接头，使一根 14 in (356 mm) 长的柔性管只有 6 in (152 mm) 长的可用活动长度，这种现象很常见。所以，接头更多地用作错位工具而非隔振器。如果存在这种情况，接管便不能减少激发于机组外壳并最终传至结构的压缩机产生的振动能量。该振动能量与未隔振风机和其产生的、通过机组有压箱体流动的气流的能量，会在数据通信设备房间内轻易呈现一个高振动运行环境。

10.4.1 地面以上的数据通信设备间

数据通信中心的结构地板在地面上时，计算机房空调机组的振动控制可相当简单地通过采用限制变形实现（可参考氯丁橡胶减振器）。

10.4.2 地面以上的数据通信设备间

结构楼板架高情况下的隔振要复杂些。数据通信设备中心的柱距较大[例如 40 ft (12.19 m)] 是很典型的，因此结构地板系统会有一定量的挠度。例如，挠度限定为跨度 (L) 除以 360，则 40 ft (12.19 m) 的跨度在荷载下将产生 1.3 in (33 mm) 的挠度。

在此情况下，为了有效地控制振动传递，隔离器的回弹或变形必须克服结构地板的变形和计算机房空调机组产生的不平衡力。当设备置于地面以上时，弹簧固有的大变形量使它成为隔振器的一种选择。在许多场合，弹簧的变形范围适合于 2 in（50.8 mm），这适当考虑了地板的影响和部件产生的振动能量的影响。

10.5 邻近数据通信设备间隔振

以下介绍位于数据通信设备间外面，但又邻近它的建筑基础设施的实用隔振指南。

如前所述，含有压缩机或风机的任何设备均为潜在的振源。为有效地为这类设备隔振，设备下方必须安装隔振器，接至输配设施（如风管、管道及导线管）的所有连接应采用柔性接管进行隔振。

如数据通信设备中心位于明确的地震区，则应考虑所有建筑基础设施组分，包括承受地震荷载的隔振器，需符合建筑规范，还应建立现场核查质量保证规程。

10.5.1 振源位于地面公共板上

第一种情况是振源位于建筑基础设备与数据通信设备所在的同一块地面结构板上。对于所有这类情况，振动能量可看作作用在数据中心地板上的一个因数。因此，位于此区域内的所有振动组分采用 1in（25 mm）变形的隔振器是合适的，不必去考虑影响隔振器性能的地板变形。

安装在基础上的水泵也应有灌有混凝土的惯性基础，以限制水泵的启动振幅。

10.5.2 振源在上方楼板上

第二种情况是建筑基础设备直接位于数据通信设备间的上方。在此情况下，应考虑建筑楼板像弹簧一样的变形。为了防止振动能量传递到下层楼板，对于锅炉以外的所有组分，一般推荐选用 2 in（51 mm）的静态变形隔振器。如锅炉，采用 1 in（25 mm）静态变形隔振器就足够了。

10.5.3 振源位于屋面上

此情况是建筑基础设备直接位于数据通信设备间上方的屋面上。由于风荷载施加在屋面安装的组分上，故除了进行竖向约束外，还需在水平方向限制。

2006 IBC（ICC 2006）对屋面安装组分及其隔振器规定了其他要求。在一些沿海地区与岛屿，安装在终高度低于 60 ft（18.3 m）上的基础设施组分，所受到的风荷载，包括力矩与剪力约为其重量的两倍。这些动态力对隔离器、其安装表面及被隔振组分有很大影响。所以，隔振器应有能力来处置两倍于组分重量的动荷载，即 $2G'$。（2×组分重量）。还需计算组分加安装、结构的总高度，有可能比倾倒荷载大。

含有压缩机与小直径风机的设备，如风冷冷凝器及风冷冷水机组，通常采用 2 in（51 mm）静态变形隔振器就可得到满意的隔振效果，因为它足以克服屋面刚度不足。

大多数冷却塔，包括相对较大的变速风机，由于它们总是暴露在室外环境中，故不平衡性随时间而增大，因此需有较大的隔振器变形范围，一般为 3～5 in（76～127 mm）。

由于靠边安装的 HVAC 机组要在有限的空间内输送大量空气，有很大的振动能量传递至结构中，故采用 3 in（76 mm）的静态变形弹簧隔振器构架，可提供有效的隔振。

第 4 部分
数据通信设备

第 11 章 数据通信设备冲击与振动测试

11.1 基本定义

重力加速度（**acceleration of gravity**—g 或 G）：g 是指地球表面上由重力产生的加速度，其国际标准值是 9.807 m/s^2。测得的加速度常表示为，测得的加速度值除以重力加速度值之比率，此无单位的比值以 G 表示。

振幅或大小（**amplitude or magnitude**）：测得的最大振动值。振幅可用位移、速度或加速度值来测得。

频率（**frequency**）：每秒钟循环周期的倒数，有时表示为赫兹（Hz）。

自由落体高度（free－fall drop height）：从某一高度 h 自由落体而产生的速度均匀变化：

$$速度变化\ \Delta v=(1+e)\sqrt{(2gh)}$$

式中 e 为回弹系数，是冲击后与前的速度之比。

半正弦冲击脉冲（**half-sine shock pulse**）：这是一个理想的脉冲，其加速度与时间的关系呈一个正弦波周期中的正段（或负段）形状。

能量频谱密度（**power spectral density—PSD**）：与随机振动频率有关的能量计量，其单位为 g^2/Hz，表示 1Hz 宽正方形过滤器内的能量。与频率有关的 PSD 曲线累积后的均方根值给出了振动的总均方根级。

脉冲宽度（**pulse width**）：以毫秒（ms）计的半周期正弦波。

随机振动（**random vibration**）：振幅与频率在规定范围内随机变化的振动。这是产品在运行环境中所处的典型振动情况。

共振（**resonance**）：一个部件的固有频率（共振频率）与干扰频率相等的频率点，在此频率点，振动能产生输入振幅的最大放大效应。这是一种工况，缘于输入频率为干扰频率，此频率等于或非常接近一个部件的固有频率。共振频率产生了最大输出或部件振幅的最大响应。

系统响应（**response of a system**）：表示系统的一个输出量，它随输入而变化。

响应频谱（**response spectrum**）：预测机械系统（建筑物、机械、计算机等）对振动或冲击输入的反映的一种方法。输入波形在数学上适用于有一定量阻尼、单一自由度串联的弹簧/体块振荡器。串联振荡器的响应对应于频率绘制曲线。输入波形对具有各种固有频率的系统的影响可通过察看绘制的图（响应频谱）来确定。

均方根（**root mean square—rms**）：一组数在它的值平方后取其平均，再予以开方所得值。这是确定动态信号平均大小、给出该信号有效能量或能级的技术。

正弦振动（**sinusoidal vibration**）：呈正弦波的振动。它只呈现一个频率。正弦振动的典型振源为旋转的机械与电力设备。

瞬时振动（**transient vibration**）：振幅大、持续时间短，一般仅数个周期、不可能产生共振的振动。

11.2 振源概述

不管运行、改造或设计一个数据中心设施，考虑冲击与振动荷载对其组分的影响很重要。如今，大多数数据通信设备与基础设施设备制造商设计的产品能承受数据中心内发生的正常环境振动。在许多情况下，若设备有良好的防护，它便能经受住更严酷的工况。未经安全防护的设备的最大损坏风险来自数据通信设备的倾覆和移动，尤其是位于地震区的数据通信设施。

水平力、倾覆荷载和冲击、振动荷载不仅是像地震或风荷载等自然界引发的后果，而且也来自人为原因。例如，机械装置和施工活动在建筑物内成为另外的振源。到达数据通信设备的冲击及振动荷载通常途经建筑物的地面传递到设备。地面可能会被建筑物外数英里远或建筑物内仅几英尺之遥的振源引发振动。一些代表性振源包括发电机组、往复式压缩机、大型不平衡风机机组、冷液分配单元（CDUs）、计算机房空调机组（CRACs）、主要道路、街道车辆或跨轨火车、叉车、附近的服务器等。这些类型的振源可能会持续使建筑物地面发生振动。以下一些间歇性和临时性运行振源也可能对设备有损害影响：

（1）来自建筑物内或附近工地施工或拆除工程中产生的间歇性冲击与振动。

（2）旧建筑爆破引起的冲击。

（3）附近地产内的打桩作业。

（4）用于混凝土材料的风镐作业。

（5）用大型运土车平整土地。

这类活动中的任何一项活动都会使地面产生干扰性移动，且以很远的距离进行传递和被感觉到。加利福尼亚州交通部（CalTrans）在 1999 年 6 月～2000 年 5 月期间进行了一项研究（Eagan 等 2001 年），记录并证明了爆破气浪会使地面移动。CalTrans 制定了在市区爆破最大质点速度为 70mm/s 时地面移动的安全等级。在 CalTrans 的研究中，有两个场合超过了制定的级别，即离爆破现场 18m、30m 距离，质点速度为 70mm/s 时。

如果地板在设备或建筑物的共振频率下受到激励，则通过建筑物地板传递的振动影响后果可能更严重。例如，引起振动的打桩机每秒振动 1600 次，非常有可能激励附近的建筑物。打桩是通过桩旁土壤液态化来推进的，这样桩便可容易地下到土壤中。建筑物的地板振幅会大到使数据通信设备在地板上移动，设备会振动到使焊接处裂开，部件从支架上脱开，较重的电气部件发生故障。

严重的振动除了导致设备零件受损外，其他设备还会有风险。机架设备移位会使电缆断接或与设备脱离。架空地板上的数据通信设备会沿地板移动，并导致机架脚卡住或陷入电缆孔内，甚至倾覆。在持续振动情况下，即便是最重的数据通信设备和基础设施设备也可能会发生移动。

机架倾覆虽与冲击及振动无直接关系，但是数据中心内影响服务的一个问题。设备机架在机柜内重量不平衡，也可能会导致倾覆。容纳电信设备、网络设备、路由器或 UPS 设备的每个机架重 30～400 lb（1335～1780N）是很寻常的；一个较大的服务器可能重达 3600 lb（16017 N）。因大多数设备重量由其前部安装的轨道支撑，使机柜变得前侧偏重，从而使机柜增大了倾覆可能。有些由设备机架支撑、头部上方的大荷载也是一个问题，安装在机架上方的电缆或供冷设备将这些机柜的重心移到了不稳定状态，意外撞击或无意推挤更容易翻倒这些机柜。

机柜中的设备安装在滑动抽屉中是一种通常做法，该特性便于维护驱动器或电路板。但拉出式抽屉对机柜来说造成了很不稳的配置。有一些机柜配有前置防翻脚以防倾覆，没有这些特性的机架有较大的倾覆风险。因此，将机架固定可避免倾覆危险。

事实上，美国大陆没有一个地区完全没有地震的危险。虽然地震在美国大多数地区不像加利福尼亚或阿拉斯加那么活跃，但所有地区均经历过地质断层、火山活动或滑坡。美国中部新马里兰州、密苏里州附近区域，曾经发生过非常强烈的地震。芝加哥、伊利诺斯州区域在统一建筑规范(UBC)(ICBO 1997) 中被定为零危险区域，但即使那些不可能的区域也曾遭受过 30 次严重地震，最近的一次地震记录在 1984 年。1974 年，在另一个被定为零危险区域的得克萨斯州北部，发生了一次里氏 4.5 级的地震。这次地震事件足以破坏混凝土结构和窗户，整个得克萨斯州北部延伸区域都有震感。

能激励结构移动的其他事件会来自于与地面活动无关的力。强暴风、龙卷风及飓风等是引起建筑物很大振动之源。这些振动通过地板传递，转而又形成水平荷载。暴露在风中的结构均不能幸免于这些振源。

建筑物的形状一般不属空气动力型，空气流动经过非流线体会产生很大的阻力。风的阻力又导致建筑物产生振荡，令人有振动感。在许多沿海地区，建筑规范要求建筑结构设计在风速达到 110 mph (177 km/h) 时允许出现风激励效应与振荡。

纵观整个历史与所有文明，始终有政治不稳定的时期，当今世界并无不同。遗憾的是，今天的数据中心管理者和运行人员必须考虑恐怖分子和破坏分子针对 IT 设施的有目标活动。他们利用炸弹或其他大型破坏装置对重要的基础设施进行攻击是很真实的。数据中心从本质上说，是政府、公司维持和进行业务经营的重要基础设施。近年来，爆炸装置已成为数据中心及其所存信息的主要威胁。建筑物与数据中心的设计应能应对爆炸的可能性；建筑物内的设备必须可靠地固定，以抵御强气流的影响。为了设备持续、不间断地运行，备份设施与恢复方案，或能承担政府的重要任务和业务功能的类似系统必须予以规划和实施。“重要任务”是指绝对必需的系统。一项活动、一个装置、一种服务或一个系统出现问题，或正常业务发生中断，将导致业务运营（例如在线业务通信系统）发生故障。根据服务的性质，可能有的设施需要按美国联邦政府机构的规定，对潜在的核威胁进行防护。然而，对于大多数商业企业来说，为应对自然和人为风险，采用固定设备的做法应该能令人满意。

在数据中心内，降低冲击与振动风险的考虑重点应放在紧固机柜，将它作为抵御振动效应的主要措施。隔离冲击与振动、吸收冲击或其他缓解技术也许可以考虑，但这些措施通常较昂贵，设计也较困难。隔离设计和隔离技术通常需要假定地面运动的振幅、频率，并为设备移位提供额外空间。设备在这些假定工况以外运行时效率较差。在密度很高的电信设备环境中，用于隔离器移动所需的空间是不易提供的，故必须允许设备在任何水平方向自由移动，此内容将在后面章节中总结。在非隔离安装中，已经固定能防倾覆和冲击邻近物体的机柜应至少允许设备运行在其设计环境振动级范围内，或网络设备-楼宇系统（NEBS）环境振动工况内。利用振动台测试已表明，只要设备正确安装，它便可使设备功能保持在设计工况。

11.3　数据通信设备冲击与振动测试

数据通信设备的设计和施工必须使其运行环境处在它能遇到的地面干扰、正常运输和工况处理的范围内。因此，为了说明产品性能，通常需要进行实验室测试，以证实产品能在此工况下运行，然而要确定涵盖所有现场工况的合适测试等级是非常困难的。对于产品，虽然应以最严酷的工况进行测试，但应避免超标准设计，使产品保持良好的性价比。数据通信设备的设计者应了解客户的运行环境，并据此设计产品。极端环境的实例可能会是加速度、冲击与振动极大的军事用途。这类环境也许会要求产品结构非常坚固、组装特殊。军用级设备的测试等级由下列规范规定：MIL-STD-810F，Environmental Engineering Considerations and Laboratory Test Method Standard，(DOD 2000) 和 MIL-STD-202G，Test Methods of Electronic Component Parts (DOD2002)。对于大多数商用数据通信设备应用，测试等级并非总是清楚的，通常由设备制造商确定。制造商制定自己的一套设计标准，并在其公布的文献［如 IBM (1992 b)、Notohardjono 等 (2001)］中规定那些参数。设备设计者一般能提供可涵盖绝大多数用户应用中足够大的冲击与振动范围。数据通信特性不同的部门，例如电信行业，有许多用户有特殊的运行要求，需要单独的设计参数，因此规定了它们自己的具体测试等级。用于电信行业的设计文件有：Telcordia Technologies, Inc.，NEBS GR-63-CORE (Telcordia 2006) 与 ANSI T1. 329-2002，Network Equipment—Earthquake Resistance (ANSI 2002)。

数据通信产品的大小有小到台式电脑到大的多搁架机柜。数据通信设备的重量小的只有数磅，大的有每个机架重数千磅。当今，由于标准混乱，所以要从各制造商相匹配的产品组成一个能提供特定服务功能的系统，使确定冲击与振动测试更为困难。设备的框架设计并不都相同，数据通信产品安装在开式中继机架内还是安装在封闭的机柜内将影响冲击与振动性能。即使在开式中继机架之间，除了有很坚实的焊接钢架外，也有很轻的铝立架，这些差异直接影响产品在受到冲击和振动测试时的情况。带有侧板和门的机柜比开式机柜性能好；轻荷载的数据通信设备框架比重量重的框架好。

遗憾的是，目前尚未制定能提供测试指南的行业标准，所以数据通信设备的测试参数必须扩大到能应对数据通信设备可能有的各种配置。应考虑的问题是：用户是否要对每个产品进行测试？或终端用户是否需要在所有组件一起工作时进行系统整体测试？数据通信设备设计者将需要确定用户对显示数据通信设备性能的要求，需要制定一个协议，以明确表示测试通过/不通过的标准。

HVAC设备等较大机械设备是很难进行测试的。虽然有大型冲击与振动测试台能测试大而重的设备的测试室很少，但因产品设计原因需要测试机械设备的也很少。这些产品的主要部件是很坚固的钢制品，能够在高水压或高气压条件下运行。需要对大型机械设备要求进行测试的一个内容是测试其控制系统，它包括电路板、监控设备、仪表及控制设备运行的电气装置。

进行冲击与振动测试是要证明产品在制造厂的产品发货运输过程中、在用户的产品接收处，以及在设备间内安装与运行时的抗冲击程度。所以，对所有数据通信产品需设计多项测试。为了运输需要，装箱与未装箱产品必须能承受从仓库搬至卡车或牵引车上产生的冲击和振动荷载。产品也需要模拟测试，模拟有很小软垫挂在卡车或牵引车上在不平道路上穿越乡间运输时的振动情况。产品在其使用寿命期间的许多情况下，可能会坠落或处置不当（例如抵达目的地时或从建筑物的一层运到另一层时），故产品应容许在数据中心内可能有搬动。当数据通信设备安装在设备框架内时，产品将很“安逸”、“娴静”，或只受到低等级、稳定的地面移动，或因地震或意外撞击了框架使产品偶尔发生碰撞。

冲击与振动测试通常分为四种情况：1）运行冲击与振动测试；2）地震模拟测试；3）强度或破坏性测试；4）运输冲击与振动测试。每项测试都有具体级别，有与其他无关的规定参数。例如：机房内的振动级通常低于运输振动级；机房测试时设备是带电的，而运输测试时则设备不带电；地震模拟测试可归类于运行振动测试，它有不同的频率范围要求，与机房测试相比，在频率低于10Hz时振幅较大。

11.3.1 运行冲击与振动

运行冲击与振动测试规定产品必须满意运行所依赖的环境。冲击源和振源通常由环境产生，例如附近运行的设备、人员经过设备或坠落物品、岩石爆破影响和经过附近数据通信建筑物的运输车辆等，均为环境产生的振动。冲击源与振源有些是自己引起的（如来自风扇、风机、压缩机、硬性驱动轴等）。大的供冷单元如压缩机、水泵、大功率风机等也传递高等级振动，足以影响数据通信设备的运行功能。对于运行冲击与振动来说，持续的地面振动和模拟地震都需要确定标准并进行测试。在进行运行冲击与振动测试期间，产品必须通电且可运行。这些测试要证明设备保持了功能，未受测试台运动的影响。受测试产品应与其安装在用户的数据通信设施内一样，配置了类似的荷载和电缆。有关终端用户的运行振动测试要求详见附录 D，测试采用文件有：MIL-STD-810F（DOD 2000）或 NEBS GR-63-CORE（Telcordia 2006），或设备制造商的内部规程。图 11-1 为可能见到的测试等级，它也可作为测试等级。1 级适用于测试安装在地板上的数据通信设备，2 级适用于小型数据通信设备，一般为台式或桌面，或手提与壁挂式设备。通常情况下，运行冲击测试参数为 5 个 3.5g 半正弦脉冲，且所有三个轴上的脉冲宽度均为 3ms（IBM 1990）。

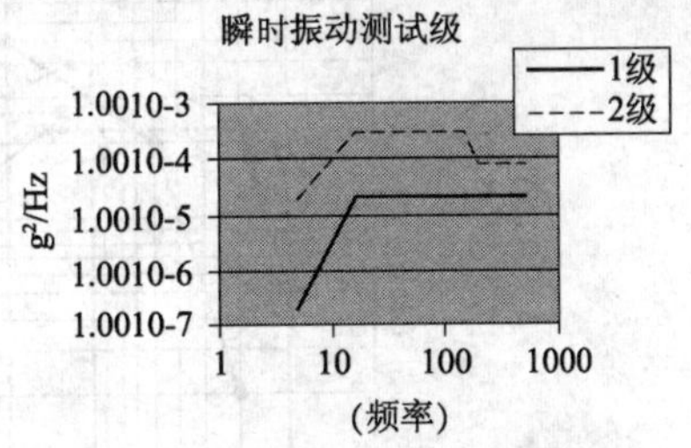

图 11-1　数据中心内发生的运行振动典型功率频谱密度［IBM 许可复制（1990）］

11.3.2　地震模拟测试

地震模拟测试时施加较大的地面加速度值，较短的持续时间，较大的地面位移以及较低的频率。地震模拟测试时采用多种波形。Telcordia 的 NEBS GR-63-CORE（2006）制定了一般波形，供测试台进行设备安装在结构较高楼层、最不利地震情况下的模拟试验。波形中有较低等级地面移动期间的短时强烈移动。测试台上的最大地面加速度约 1.6g。当测试台上安装了较高设备时，加速度值可放大到更高等级。在对日本地震进行研究的基础上（IBM 1992b），IBM 公司拟定了 IT 设备地震模拟测试参数。

地震模拟测试类似于运行冲击与振动测试。被测产品应与安装在用户的数据通信设施中一样，配置类似荷载，用同样的缆索系缚。对于电信设备，测试参数由 NEBS GR-63-CORE（Telcordia 2006）确定。该文件与 ANSI T1.329（ANSI 2002）文件也包含了地震情况下的特定测试，可供参考。绝大多数测试实验室熟悉这些测试规程，能为任何产品进行测试。这两个文件中有其他可选地震测试参数，可用于不同震区，产品设计师应查询用户现场所属震区。假定的最不利地震情况和按第 4 类区域的参数进行测试总是安全的，因为它涵盖了需进行地震测试的所有地区。国际规范协会评估服务部（ICC-ES）和建筑管理国际联合会（ICBO）的下属公司公布了AC-156，即非结构部件与系统振动台测试抗震合格验收标准（ICC-ES 2007），并确定了要求设备的频谱响应范围。不同测试规程中的地震测试参数如图11-2所示。第13章将讨论分析数据通信设备与抗震锚固系统分析。

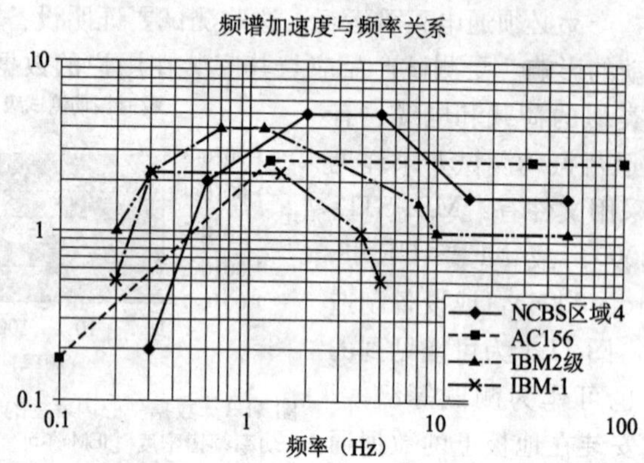

图 11-2 地震测试典型参数［Notohardjono等（2001）与Pekcan（2007）许可复制］

11.3.3 坚固性（易碎性）

坚固性涉及产品承受运输、安装、移位与运行环境且不受损的能力。坚固性测试也称为易碎性测试，它是产品开发过程中的基本内容。产品的坚固性是通过运输冲击与振动测试来得到保证的。坚固性是新产品设计阶段的主要关注点。重要的分析和测试工作通常与新产品和部件设计有关，以确保框架、易碎组分及组件有足够的坚固程度。子配件是数据通信设备中的集成部分，它通常安装在机架上。子配件需要测试，并满足一定的标准，要减少制造过程中产生的应力、减少运输、减少来自环境中的冲击与振动处置。子配件测试通常包括－40～＋60℃的热冲击，随之是在三个轴向以100g 3ms和两个50g 11ms半正弦脉冲冲击测试（Notohardjono 1993）。接下来的测试是1.04 grms条件下15min随机振动测试，如图11-3所示。如果满足了测试等级要求，通常就无需测试子配件的故障性。此外，要进行每轴0.5g、0～500 Hz的半小时正弦扫描测试，以确定子配件内每个部件的高传递率（输出/输入之比）。再后一个是机架或框架级部件的集成度测试。还应考虑安装在机架上的产品的坠落测试，测试形式取决于机架运输与处置环境。机架的主要功能是防止重要部件受损。换言之，机架和机架托盘的设计应将传递到重要部件处的冲击限制到低于机架内部件损坏的程度。重量大于1000 lb（4450 N）机架的坠落测试是：两次4 in（102 mm）

等效高度自由落体测试，随后 10 次 2 in (51 mm) 等效高度自由落体测试。典型的振动测试如图 11-3 所示（Notohardjono 等 2004），为 0.5g、30min 正弦扫描，随后是 0.8grms、15min 随机振动测试。

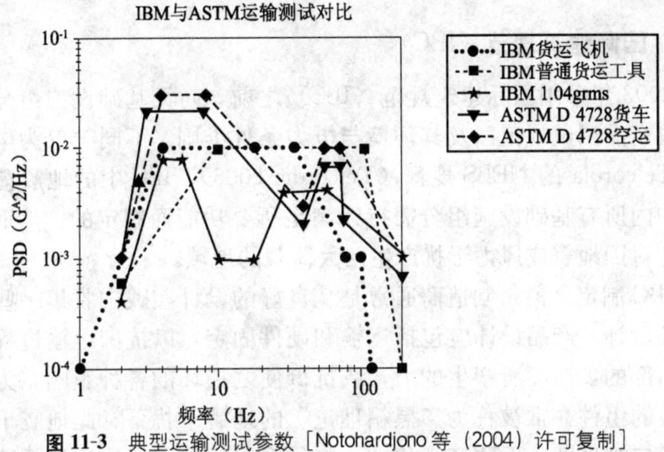

图 11-3　典型运输测试参数［Notohardjono 等（2004）许可复制］

11.3.4　运输测试

运输测试必须包括组装与非组装产品的运输与处置测试。这些测试包括按产品发货配置进行坠落测试和频率扫描振动测试。组装件坠落测试一般按确定的高度、确定的组装件表面进行，从而证明以此表面着地时产品不受损坏。非组装产品坠落测试会更加严格些。这些坠落模拟测试针对的是从运输箱上搬出，再搬到永久性场所安装的产品。非组装产品的坠落测试高度约 3 in (76.2 mm)，通常比组装产品测试高度［12 in (304.8 mm)］低。产品的质量也决定坠落高度，较重设备的坠落高度较低。

虽然终端用户对运输测试是感兴趣的，因为更换设备过程会推迟设备投入服务的日期，但这些测试对设备制造商比对终端用户更重要。产品制造商必须确保数据通信设备到达终端用户处不损坏，且能处于工作状态。因为产品在被收到时受损，必须由制造商花钱更换。鉴于这些条件，设备制造商更应重视运输测试。

运输振动测试包括约 2～200Hz 的频率扫描。典型的运输测试参数如图 11-3 所示。重 1000 lb (4450 N) 以上机架的典型坠落测试是：两次 3 in (76 mm) 等效高度自由落体测试和随后 10 次 1 in (25 mm) 等效高度自由落体测试。在如 Telcordia 的 NEBS GR-63-CORE (2006) 等这类文件中，有两种测试参数涵盖了采用平稳运输手段或相对于用往复式引擎的飞机那样的颠簸运输手段，产品设计者应为产品确定最不利工况。

11.4 数据通信基础设施和供冷设备冲击与振动测试指南

11.4.1 国际建筑规范（IBC）

在2003年采用国际建筑规范（IBC）之前，尚无基础设施组分的制造标准，或产品测试规范以及其环境与电力条件准则。不同于仅为电信设备制定的Telcordia的NEBS规程（Telcordia 2006），IBC中的地震荷载是针对建筑物内所有基础设施组分需持续满足所要功能而制定的。然而，此要求也仅针对因地震或风力干扰产生巨大荷载的地域。

在IBC制定之前，制造商通常是从良好的设计实践中收集一些措施来进行设备设计。产品设计应包括运输和硬件固定，以抗御运输过程中传递给装置内部的加速度所产生的力，或抗御使之损坏的各种影响。为了确保内部安装的组件在常被称为“黑箱理论”的地震干扰下（此地震干扰造成的后果尚未被理解）不致产生移动，应另采取措施。如果项目需要取得军方批准，虽有军事规范，但有关细节和如何完成验证测试的信息很少。

正如前节所述，数据通信设备的设计与制造主要采用Telcordia的NEBS GR-63-CORE（2006）标准，或设备制造商的内部标准。当我们注视着能每周7d每天24h的数据通信设备运行的供冷与基础设施组分时，很清楚还无日常采用的明确标准。但目前只有一个标准，即NEBS（Telcordia 2006）。如果在供冷系统中有主要部件发生故障，将使数据通信设备间内的环境恶化，由供冷组分支持的数据通信设备将无疑降低可靠性，缩短其预期使用寿命。

如上所述，IBC的要求主要适用于地理上示为地震区的组分。给予最大考虑的地震地面运动图［见IBC中图1615（ICC 2003）］约占美国国土的40%，目前增加的IBC要求包括了会遭受飓风的缅因州至得克萨斯州的沿海和岛屿；易碎性要求在所有其他地点仍然是可选项。考虑到术语“重要任务”的意义，绝对需要持续运行的一个系统——此课题需深入考虑。对被赋予“重要任务”的设备的设计，应增加相对较少的费用，改进与改动产品生产线至“符合”状态。

不同于运输中予以固定的哲理，但类似于Telcordia实践，IBC建立了一系列测试方法。这些方法基于各种频率级时的共振及组件、子配件对各种输入频率的响应。通过加固箱体、结构件及内部件，设备的固有频率移至很高，将房间置于地震产生的较低频率与一些安装组件由此得到的频率通道之间，最终目的是确定地震前后组件的“在线”容量。

11.4.2　测试方法

IBC 是美国编写主要标准规范的顶级团体，它决定在国际规范联合会（ICC）旗下融合自己的努力。ICC 在 AC-156（ICC-ES 2007）中制定了最低要求与测试方法。此验收标准适用于基本频率大于或等于 1.3Hz 的非结构组件与系统（设备）的振动台测试（见图 11-4）。在被测单元尺寸增大场合下不可能进行振动台测试时，根据 AC-156 测试方法制定的相同指南，允许进行有限元分析。

图 11-4　振动台测试

对于包括在此类别的非结构组件与系统（设备），AC-156 中的第 6.7.2 条款（Ip ＝ 组件重要系数 ＝ 1.5——深入讨论参见本书附录 C、F）将此设备归类为设施持续运行的必需设备。规范要求受评估设备地震测试前后类同，要满足功能和运行要求。

在选择非结构组件及系统（设备）进行测试时，如有可能，应选择产品生产线上的代表性组件。设备如要具有代表性，它需要与生产线上的其他产品有足够多的结构相似性，成为一台值得测试的设备，而不是要测试所有设备。代表性的产品一般由独立的测试机构确定。在标准测试产品选择后，应将它固定在振动台上。振动台是一个液压驱动的平台，能对测试产品或样品在两个水平轴向、同时在一个垂直轴向进行加速度测试。被选为代表性的加速度荷载通常是地域内的最不利工况或制造商需满足产品所在区域的要求。施加的荷载具有一系列预定的频率，这些频率经过设计用于搜索组件可能产生的共振范围。组件经常采用夹具固定在工作台上，并与现场安装情况相同。但夹具并不是一定需要，因为计算机可模拟安装和系缚方法。

预测试应从搜索共振频率开始，在共振频谱内进行扫描，以确定组件的共振频率与阻尼特性。尽管共振频率搜索不是振动测试，但由 1.3 ~ 33Hz 引起的低震级振幅将向组件制造商显示，结构设计中可能有瑕疵。在进行真正地震测试前，应调查发现的问题并予以纠正。一般来说，采用其他或不同的固定器或与小支架结合的固定器可纠正设计弱点。一旦测试者与制造商对初步测试结果表示满意，就可开始真正的地震测试。地震测试的方法在 ICC-ES (2007) 公布的 AC-156 中有详细介绍。

一旦完成了地震测试，按 AC-156 中第 6.7 节的要求，应进行测试后功能符合性验证。它是考核设备在地震后能实现所要求的功能。

被测试单元（Unit Under Test——UUT）必须显示以下情况：

(1) 单元不会因倒塌、固定损坏或子部件移动而危及人员安全；

(2) 含有危险或易燃材料的单元不会释放危及人员或环境的材料；

(3) 根据规范或业主需要被认为是承担“重要任务”的单元，应满足所有功能与运行测试的要求。

“振动测试”选择项无疑是证明组件真实性能的最实用方法。然而，常因组件太大、笨重或制造商受时间限制，使采用该形式测试不切合实际。在此情况下，有限元分析可成为一个明智选择。

有限元分析或计算机模拟营造了一个组件复制品，并对材料与紧固情况进行了检查。在有限元分析模拟中，AC-156（ICC-ES 2007）也用于组件性能放样，振动台测试有同样要求。此外，代表性组件样品被用于 UUT，以加速测试过程，减少测试费用。有限元分析是最有效的方法，主要用于模拟单元结构。电动机、压缩机及配电盘等子部件性能测试采用振动器比使用计算机模拟更有效。有限元分析的缺点是模型精确度如何和复杂组件是否被正确反映。

部件制造商可用的最后一个符合性选项被称为“经验数据选项”，它表示从用户报道中学到的资料。如果能证明相同的单元在相同的结构中能承受相同的地震事件，则此产品便符合建筑规范要求。为了证明该项内容，它要求制造商采用“全国认可的方法”进行设计与评估，以验证组件的抗震性能。抗震性能必须满足或超过 IBC 规定的抗震要求。与这种符合形式相关的主要法律问题是缺乏“全国认可的方法”。

采用并很好地满足或超过 AC-156 抗震要求的制造商应出示测试及符合要求的证明。制造商应将符合要求的标牌（见图 11-5）牢固地固定在发货部件上给施工与楼宇管理者使用。识别标牌中的部分内容应包括部件的测试机构、功能、性能特点和作为测试基础所代表的样品。

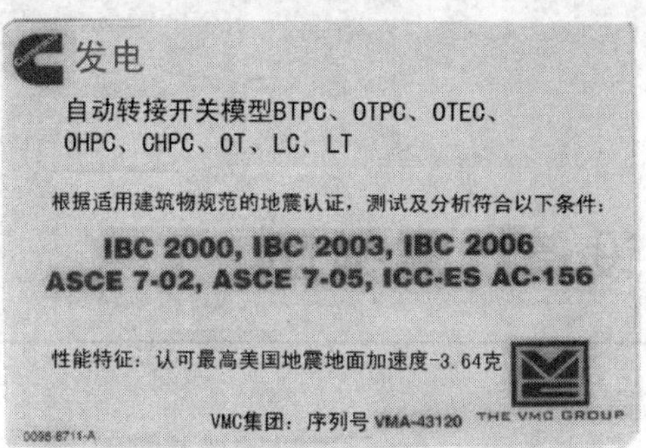

图 11-5　表示非结构性部件符合的识别标牌

应牢记：部件的"在线要求"应包括能使该部件实现其功能所要功能的所有硬件、附件、任选件和配件。在此范畴内显而易见的内容有管道、风管、电气连接；在此范畴内的非明显内容有地板上的抗震装置、隔振件和控制盘。所以由制造商作为附件或选择项提供的所有部件都必须包括在分析中，它们应具有与部件自身一样的抗震级别，或能承受相同的震级。

如果业主是真正希望数据通信房间能"持续使用"，就必须对规范一系列产品能实现功能的要求进行验证。对于某些数据通信设施，如 911 急救呼叫中心、医院或政府通信装置等来说，没有选择项，这是法律！图11-6 表示了一种可能会安装在楼板上的抗震装置，以满足数据通信供冷设备与基础设施"持续使用"的愿望。

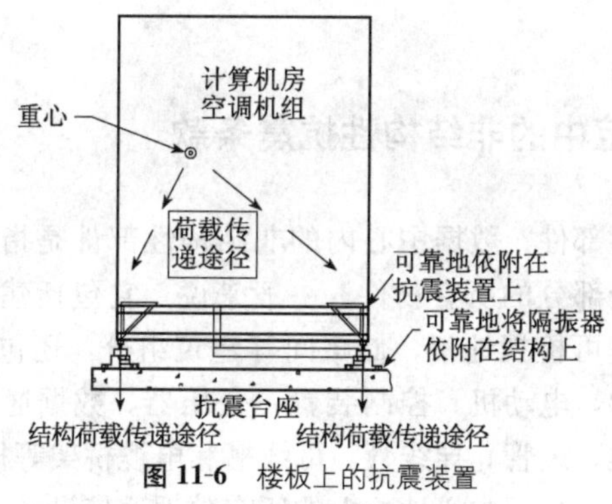

图 11-6　楼板上的抗震装置

第 12 章

数据通信设备抗震锚固

12.1 概述

全世界有很多数据通信设备中心位于可能会发生很大地震的地区。美国有一些地区，如加利福尼亚州的大部分、太平洋西北地区、盐湖城等，是著名的地震高风险地区，但事实上所有 50 个州均有地震记录。地震时的坠落物会对人体造成伤害，会严重损害人员在地震停止后撤离建筑物的能力。此外，由于设备严重损坏或服务中断造成的经济损失具有毁灭性。

本章概述抗震锚固，并列举了保护数据中心设备免遭地震损害影响的几个主要方面。这些资料并不替代建筑规范，也不替代有资质的结构工程师被许可进行需要的计算服务。相反，它为业主或工程师在非结构性部件的抗震要求方面提供综合性基础，并在恰当场合以评论与指导形式详细探讨一些特殊内容。

12.2 建筑规范中的非结构性抗震条款

何谓非结构性部件？数据中心内的非结构性部件是指依附于结构，但并非建筑结构自身部分的所有物件。一般来说，它包括建筑外复层、内隔墙、吊平顶、架空可检视地板、储藏间等建筑组分，还包括 HVAC 设备、泵、压缩机、电梯、电动机、控制装置、变压器、数据通信设备机架，以及所有相关的管道、风管、导线管、母线槽和电缆桥架等机械与电气部件。最重要的是，它包括数据中心地板上的所有数据通信设备。

为何这些非结构性部件，特别是数据通信设备必须固定？在建筑物如数据通信设备中心会受到一定程度地震力影响的地区，所有非结构性部件必须固定在建筑结构上，以确保两个目标：首先是保护人员，避免被移位或跌倒导致受伤，或避免阻碍其离开被破坏的建筑物；其次是确保某些重要系统减少损坏，以便有良好的机会在地震后可立即投入运行。

在过去的十年内，有关非结构性部件锚固设计的条款发生了很大变化。开始时，仅总体介绍抗震设计的一些概念，而现行管辖非结构性部件的规范条款，特别说明这些条款如何影响数据通信中心内所用部件的设计值。

12.3 美国的地震活动

2000 年前，美国地震的活动在统一建筑规范（Uniform Building Code——UBC）内是采用地震地区系数 Z（ICBO 1991，1994，1997）来定义的。工程师和楼宇业主习惯采用这些地区系数，因为系数只有几个（0、1、2A、2B、3 与 4），又因建筑规范中的地图（例如 1997 UBC 中的图 16-2）非常清楚地标明了每个系数的采用地区。

原先的地区图是基于 S.T. Algermissen 于 1948 年与 1976 年（FEMA 1998）做的先导工作。1976 年地区图是 1976 年后所有规范的基础。这是第一张基于概率的地图，即 50 年内“设计地震”概率超过 10%。1976 年的地图增加了覆盖加利福尼亚州的地区 4（原地区是 0～3），它是基于地面最大加速度，当时最好的地面运动测定。

然而，随着时间的推移，地图有了修改，图中的地区边界划分更基于政治而不是科学（例如，地区 4 正好终止在加利福尼亚/俄勒冈州的边界处）。美国地质勘探局（United States Geological Survey—USGS）于 1996 年承担的一项重要研究是制定新版地震灾害地图。制定这些新地图不仅是基于 USGS 在过去二十年收集到的最新地面运动研究，而且还融入了一些新的特征，包括 0.2s 和 1.0s 周期的能量频谱密度（PSD），以及 500 年（10/50 概率）和 2500 年（2/50 概率）的地震地图。2000 版 IBC 中采纳的地图是 1996 USGS 2500 年地图的修订版，但增加了地壳断层活跃地区附近地面运动上限的确定。例如：在断层机理众所周知且地面振动受下面土壤实际强度限制的加利福尼亚州，利用确定的方法将随机的峰值“截”至成一个最大值。

理解 IBC 2000 版灾害地图中去除了地震地区这一点对于业主来说非常重要。例如，在南加利福尼亚州，绘制的短期频谱值（用于非结构性部件）从圣费尔南多谷的低值 0.42g 至圣安德烈亚斯断层沿线的高值 2.48g 是变化的。此外，地面运动甚至仅相距几英里而差异极大，特别是国家中那些有着重要地形线的地区。对于业主来说将会是一个严峻挑战，因为在简单地采用“地区 4”的数据通信机架前，没有一个设计等级能够覆盖某个地理区域的每个角落。

12.4 抗震设计分类

IBC除了在确定地震危害和地震地图有改变外，其他的主要改变是增加了用于确定抗震详细要求的抗震设计类别（Seismic Design Category—SDC)。SDC是综合了区域的活动性、土壤类型和建筑物使用情况。它本身是一个新内容，为了了解数据通信中心内的设备需要用什么形式固定，业主应了解。

一般来说，如数据通信中心被分为A或B类，机柜有固定措施或抗震设计有加强措施如增加支撑等，则另外要求就较少。对于SDC A及B类中的机械与电气设备也是如此。抗震措施中还包括了SDC C类，但它的要求范围相当一般，例如对吊平顶要求拉牢，这是“吊平顶与内部系统施工协会（CISCA)”的措施，用于地震活动级低的地区。SDC D、E与F被认为是高抗震类别，需要有全面的抗震措施。SDC D是规范表［ASCE 标准 7-05（ASCE 2005） 中的表 11.6-1 与表 11.6-2］中所示的最高抗震类别。而SDC E与F类别是留给地震活动级非常高的现场。对于有重要任务的设备，必须有抗震固定与措施，不管数据通信中心的抗震设计类别如何，需确保设备高可利用性与可靠性。

业主要适应抗震设计类别概念是需要花费一些时间的，主要原因是这种分类融合了地理位置和土壤类型。如数据中心现场位于硬性土壤上，则SDC会反映出老的“地区”因素，并基于地图上标出的短暂或1.0s反应参数，便被赋予类别A、B、C、D或E。如数据中心现场位于软土上，则由于软土引起的震动增强作用，使SDC会比预期类别高得多。例如，位于波士顿（属低度至中度地震危害区）市区岩土上的数据中心，可能属SDC B类；但在附近查尔斯顿市软土上的数据中心，则可能属SDC D类，因此它需要像洛杉矶市的数据中心一样有详细的抗震措施。

12.5 正确应用锚固力

抗震水平设计力（F_p）将在附录E中详细介绍，在用F_p时应使用下列说明：

(1) 它应施加在组件重心处。

(2) 它应相应于组件的质量分布进行分布。

(3) 它应在纵向和横向上独立施加。

(4) 它应采用恰当的荷载组合方法与静荷载相结合。

同时还应理解，为了量化地震对设备的全面影响，包括 IBC 在内的许多规范需要在水平力上增加垂直力。为此应采用 ASCE 标准 7-05（ASCE 2005）中的方程式 12.4-1 与 12.4-2。

12.6　架空可检视地板上的服务器机柜保护

数据中心内需要固定的最重要部件也许是数据中心地板上的数据通信设备机柜。由于几个原因，使对它保护具有挑战性。首先，它们非常笨重，宽度很窄，有翻倒倾向；其次，设备机柜通常由架空可检视地板支撑，这意味着它们比简单地被坐落在建筑物的结构板上难以固定；第三，在大地震后，总是希望数据通信设备能立即持续运行。所以，数据中心的业主应特别注意固定数据通信机柜的方法，以保护数据、投资和运行。

12.6.1　架空可检视地板的组件放大系数

在附件 E 的第 3 节中讨论了建筑规范方程式中的组件放大系数（a_p），以说明设备支撑中的动态放大情况，这对作用在由架空可检视地板支撑的数据通信设备上的设计力有重大影响。关于架空可检视地板属刚性支撑还是柔性支撑有过长期的争论。很遗憾，答案并不直截了当。按照动态学来说，答案在很大程度上取决于地板系统的高度和水平方向上的刚性、地板面积、地板边缘的边界情况以及系统所支撑的质量。

似乎很明显，采用对角支撑的架空可检视地板在此用途中可视为是刚性的，放大系数 a_p 可取 1.0，但其他类型的架空可检视地板则可认为是柔性的。测试表明，小部分 2 ft（600 mm）高的架空可检视地板的水平方向频率在 10～15Hz 之间，根据建筑规范可确定它们为柔性支撑（周期 < 0.06 s）。然而，实际安装中质量较重、面积较大地板系统的频率已达到35～40Hz，则确定它们为刚性支撑。因此，对实际地板系统，如无详细分析与/或进行测试，要确定必然为刚性是非常困难的。在大多数情况下，可保守地认为设备直接所依附的架空可检视地板系统是柔性支撑。

12.6.2　数据通信设备机柜上的作用力

数据通信设备机柜通常成长排（或通道）组合在一起，通道之间的空间供人行走，以检视设备前后面。如附录 E 中所述，地震会产生所有三个方向的运动，所以在确定一台设备适当固定时，必须考虑所有方向上的作用力。地震在两个水平方向上运动时对设备机柜产生的影响最为明显，通常是采用机柜脚上直接依附在机柜框架上的夹器具予以抗御，抗御每个方向的水平剪力。如果这些夹器具是直接夹在地板上的，则需要用角锁定螺栓将此剪力荷载传递到地板支座顶板上。

当设备机柜的高度比宽度大许多时，机柜容易倾覆（作用力将其倾覆）。于是，常将数据通信设备用螺栓组合，成纵向（顺着通道）排列，这样众多机柜犹如一个很大的装置，大大减小了顺通道倾覆力的影响。然而，在横向（与通道交叉）方向仍然需加以控制，因作用力成对地作用在机柜底部的脚上：一种是拉力，另一种是压缩力，故必须考虑顺通道以及与通道交叉的两种作用荷载的传递途径。拉力的处理有多种方法，将在下节中讨论，但压缩力不应被忽视。若设备机柜高而窄，有大的水平力，则会产生很大的压缩力，架空可检视地板和下部结构系统必须能抗御。

12.6.3 数据通信设备防倾覆技术

将数据通信设备机柜固定在架空可检视地板上以抗御倾覆的影响有多种不同的技术，将数据通信设备机柜依附在数据中心混凝土楼板上的方法也因不同的制造商而异。在此提供五种具体的固定策略，但并不详尽。选用何种固定方法取决于业主依据设备性能、费用、安装时间和可利用性等最佳平衡。在有些极端情况下，特别是想获得比常规规范要求更好的性能时，推荐进行实际测试，确保整个系统如期所是。这些技术中的多数仅应对机柜横向倾覆。如前所述，在纵向，机柜成组排列在几个位置与整个高度上，牢固地相互依附（见图 12-1）。

图 12-1 贴近相邻服务器机柜的硬件

以下为固定数据通信设备的五种方法：

（1）竖向固定杆：固定易倾覆数据通信设备的常用方法是采用竖向钢螺杆，它将机柜直接固定在下面的混凝土地板上。这种固定器位于机柜的每个底角处，将因倾覆产生的拉力通过架空可检视地板传递到地面上。这种装置非常简单而价廉，但在架空可检视地板上设置一个孔口并非微不足道，直接将机柜固定在其下面的地板上会很困难。于是，最好的做法是用一个有槽的金属框固定在机柜各侧下面的地板上，使各侧螺杆很好地就位。为了防止机柜水平移动，这些固定螺杆若不另加部件如夹件，是不能抗御水平剪力的，所以它们常与夹件配合使用。另一种改进是采用松紧螺栓扣。它可容易地拉紧螺杆，产生压缩荷载来抵御水平力。该技术详见图 12-2 与图12-3，安装的照片见图 12-4 与图 12-5，经改进采用有槽金属框的照片见图 12-6。

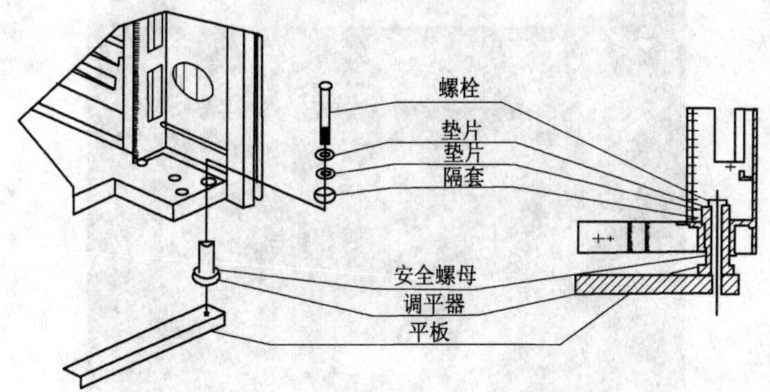

12-2　服务器机柜处的竖向固定杆详图［Notohardjono 同意复制（2003）］

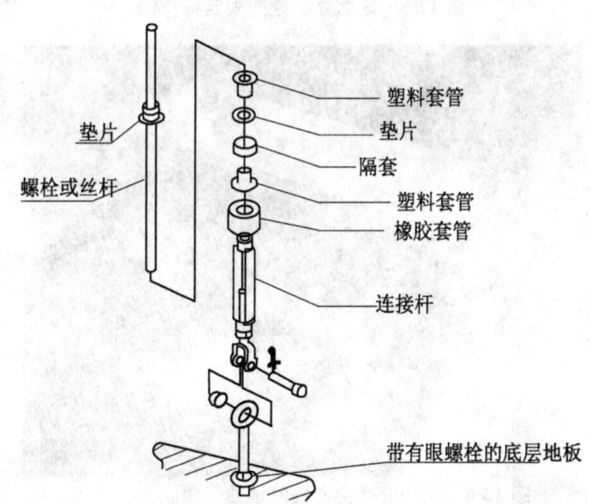

图 12-3　地面处的竖向固定杆详图［Notohardjono 同意复制（2003）］

图 12-4 固定杆

图 12-5 地面处的竖向固定杆详图

图 12-6 采用有槽金属框的地面竖向固定杆详图

（2）八字形钢索：另一种常用的固定方案是采用钢索（称八字形钢索），对机柜进行各个方向的限定。八字形钢索另有的优点是能抗水平剪力和竖向倾覆。此方法的缺点是：由于钢索仅抗拉力，故需要四根钢索，在机柜的每个角上的每个方向需设一根。钢索可方便地穿过服务器机柜角上的孔口，并用夹紧装置（每端至少有三个）固定。八字形钢索一般与垂直方向和水平方向呈 45℃（故称八字形）。采用钢索的优点是它可通过障碍物，其位置不必为了效果而十分精确。钢索装置也可用松紧螺栓扣来确保每根钢索拉紧，但此举通常不必，因为在地震期间，当机柜在架空可检视地板上移动时，每根松弛的钢索会拉紧的。此种安装方法的照片见图 12-7 与图 12-8。

图 12-7　八字形钢索安装

图 12-8　八字形钢索安装

(3) 坚实平台：与架空可检视地板上的空调设备相似，有些数据通信设备的销售商制作了一个能直接支撑设备机柜的坚实平台，这样它便可不直接坐落在架空可检视地板上。虽然这样做能使数据通信设备机柜的支撑简单得多，也能确保满意的性能，但也有缺点。首先，如果数据通信设备不是精确地位于架空可检视地板块的边缘上，则此地板块必须切割，新的、不受约束的边缘要由缘角或别的地板支柱支撑。其次，数据通信设备将来不易搬动，因为数据通信设备平台也需搬移。

(4) 机柜顶部缓冲器：有时不可能将服务器机柜固定在下面的地板上。当有这种情况时，另一种方案是在设备机柜顶上加“缓冲器”，以助限制机柜倾覆。这方法有许多特殊的考虑：第一，支架必须是刚性的，以有足够强度来抵御作用在机柜上通常是很大的力。第二，这类很大的力必须传递到一定的地方。吊平顶几乎是无足够强度来支撑。有时候，吊平顶大大加强，或支架必须继续穿过吊平顶延伸到楼板或屋面结构上。第三，服务器上面的支架使将来服务器搬移很困难，使电缆在数据通信设备上方的电缆管内布线极困难。对于很重的数据通信设备机柜，顶部缓冲器可与上述三种固定方法结合应用。此项技术详图见图 12-9，装置的照片见图 12-10。

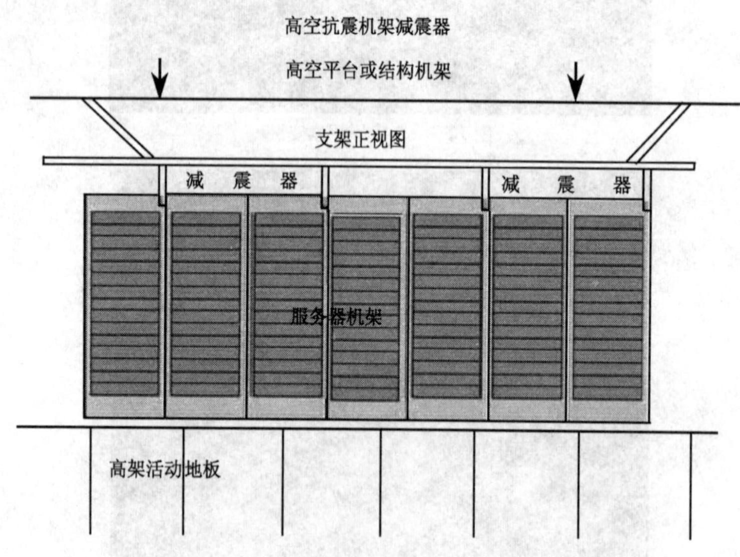

图 12-9 机柜顶缓冲器示意图［ASHRAE 同意复制（2005b）］

图 12-10 机柜顶缓冲器安装

（5）隔振平台：将数据通信设备固定在架空可检视地板上的新方法是完全不固定它们，而是将它们置于隔振平台上。虽然这类平台较小，但与用在建筑物中基础隔振架的技术相同，是通过转移基本共振频率将地面运动与被隔振体解耦。这种平台的另外优点是能“调谐”，使平台上的数据通信设备只经受到特定的加速度，于是使数据通信设备继续运行的可能性得以改善。但这种系统有两种情况需注意：首先，平台上的隔振支架因位移量很大［每个方向达 8 in（200mm）］，需加大机柜间距。为了使装置正常工作，不受到限制，机柜周围的空间应足够大。其次，隔振支架有一个独立的位移量，这在地震较大的地区或可能要承受超震级的装置可能会不够。一个有资质的结构工程师应承担起非线性分析的任务，确保所考虑的支架有足够的位移量。还需注意：在具体细化设计时，设备机柜仍然可用此系统侧面靠侧面成排组合在一起。

图 12-11 隔振平台安装

第 13 章

数据通信设备及抗震锚固系统分析

13.1 概述

在前面几章中讨论了数据通信中心所在建筑物的技术规程和数据通信中心内架空可检视地板系统的设计与评估。本章将介绍评估数据通信设备自身的方法。在 ASCE 标准 7-05（ASCE 2005）中，非结构性部件的抗震设计要求（在第 13 章中）解释了用于抗震的三种评估方法：分析、测试与经验。本章通过两个相关案例的讨论，说明有限元分析方法如何应用于数据通信设备的具体设计中。为了表示该方法的成功应用，还审视了数据中心内固定数据通信设备的系统以及加固数据通信设备自身的方法，以抗御地震荷载。作为这项工作的补充，第 11 章讨论了进行实际冲击与振动测试的规程和测试参数。

13.2 基本定义

约束元（**constraint element**）：结点之间采用运动限制（刚性连接、滑动器、旋转、点平面、平移）的普通类别的部件。

有限元分析（**finite element analysis**）：它是一种解决广范围工程问题的数值技术。有限元分析用于确定机械结构中的应力和位移。分析第一步是采用称为“结点”的许多点围合的小单元网格来形成近似的实际图形。下一步是确定边界条件、施加的荷载与/或在单元与结点上的位移。

Guyan 缩减解算器与 **Lanczos** 方法解算器：被有限元分析用作迭代算法的数值方法。它是幂法的改变方法，以求解方阵的本征值和本征矢量，对分解很大矩阵特别有用。

抛物线壳体单元（**parabolic shell element**）：有限元分析中采用的一种

单元形式，用于代表一个表面。

刚性单元（**rigid element**）：有限元分析中采用的一种单元形式，它在荷载下不会变形。

正常模式，谐波频率，固有频率，共振频率（**normal mode，harmonic frequency，natural frequency，resonance frequency**）：变形结构在受到干扰时发生震荡的频率。

13.3　数据设备框架

在第 11 章中，提出了评估数据通信设备抗震性能和抗震固置系统的测试方法。此外，也可采用有限元分析方法对数据通信设备及其固置方案的简化模型进行评估。本章首先对锚固方法进行说明，然后在本章的后面部分，列举了一个比较和对照框架效果的示例。示例的目的是要表明有限元分析法对估量和预测数据通信设备在地震荷载下的故障模式是一种实用、强大的工具。

13.4　有限元模型建立与验证

在分析工作前，必须确信有限元模型或分析模型与真实设备的相关性很好。本章中所用的分析模型建立在一般用途的有限元软件规范——ANSYS Multiphysics（ANSYS 2006）的一个既有数据通信设备框架的计算机辅助设计（CAD）简化图形上，在相邻的框架部件界面处进行了简化假设，沿着啮合边缘假定存在焊接结合点，所以相邻部件网格的重叠结点被合并了。为了精简添加结构件的依附过程，利用约束性方程将成组细网格（框架）结点接到粗网格（添加结构件）成组单元上。

约束性方程像插入函数那样运算并限制局部形变，这样可使一个网格传递到另一个网格的应力较小。另一种方法是采用刚性构件，使连接点处的一些形变值为零。但这将导致局部应力值有很大误差，虽然在离开结合点应力会回复到正确值。然而刚性构件连接可约束构件面变形，也可约束被连接结点之间的相对运动。它增大了刚性，且很大影响了模型中的应力，尤其在连接点处的应力。整个框架模型由大约 110000 个抛物面构件组成（见图 13-1）。

有限单元模型采用常规模式动态解算器来求解，以验证它能精确地预示真实结构的振动特性，并用 Lanczos 法解算器进行数值分析。此方法的优点是比传统的 Guyan 简化解算器快得多（Golub 等 1972）。

从常规模式动态解算器得到的结果提供了与试验框架测试的相关性。审视得到的模式图形，显示第一次与第二次振动模式相应于第一次水平摆动模式（6.9Hz）和第一次扭转模式（36.35Hz），详见图 13-2。与此相应，试验模式的发生频率为 5Hz 与 38Hz。因此，分析结果是实际结构响应的很好响应者。

目前，有限元模型与实体之间已建立了相关性，于是就可评估一系列设计方案，以研究各种地震加固系统和数据通信设备框架内的加固概念。

图 13-1 竖向加固器承受最大地震水平设计力 F_p 的框架有限元模型［Notohardjono 与 Canfield 同意复制（2007）］

(*a*)

(*b*)

图 13-2 框架模式形状［Canfield 与 Notohardjono 同意复制（2004）］
(*a*) 水平摆动模式，6.9Hz；(*b*) 扭转模式，34.2Hz

13.5 地震加固系统评估

数据通信中心内需要加固的一些最重要组件是数据通信设备框架。将框架固定在架空可检视地板上以防设备倾覆有许多不同技术，这些加固系统中的许多解决方法已在第 12 章中进行了讨论和说明。用于固定数据通信设备框架的一种常用装置是将框架依附在混凝土底板的竖向钢杆（在图

13-1中描述为有限元模型）。这些固定器位于框架的每个角上，它将数据通信设备的大型内力向下传递到底板上。

13.5.1　分析模型加载与建立

为了建立分析模型，首先要确定模型，然后确定荷载和边界条件。为了说明问题，用一台高为 78.7 in（2 m）的普通服务器作为集中的质量块悬吊在它的框架内，假定架空可检视地板支撑着 IT 设备机柜的静重，并假定用一端连着框架，其余端固定在地面或吊平顶上的固定器以抗御试图倾覆框架的力。

在此荷载情况下，假定此数据通信设备安装在加利福尼亚州的一个数据中心内。根据 ASCE 标准 07-05（ASCE 2005）中的方程式 13.3.2，最大水平抗震设计力 F_p 如下：

$$F_p = 1.65 S_{DS} I_p W_p \tag{13-1}$$

式中：S_{DS}——1s 周期的短时分谱加速度，强震区内 $S_{DS}=2.48g$；

I_p——组件重要系数，地震后要求数据通信设备仍运行时 $I_p= 1.5$；

W_p——设备重量。

在荷载与结构确定后，通过改变部件重量和改变相应于框架高度的重心高度，进行试验方案设计。此试验分为两种情况：一种情况是用 4 根直径为 0.5 in（12.7 mm）、长度为 12 in（304.8 mm）的钢杆连接在框架底的四个角上；另一种情况是在框架的四个顶角上另加 4 根钢杆。固定器的端部固定状况是具有各方向直线运动和旋转的自由度。最后的结果是在钢的屈服强度（36 kpsi ＝ 250 MPa）的基础上对钢杆内的应力进行分析和预评估，然后计算安全系数。在这两种情况中，钢杆的另一端是固定在混凝土底板上，或固定在混凝土底板和吊平顶上。这些分析中钢杆与框架的弹性模量为 29000 ksi（200 GPa）。

13.5.2　结果与结论

两种固定方案的设计试验结果如图 13-3 与图 13-4 所示。每种情形下的数据为任何一种钢固定器的最小安全系数。安全系数小于 1.0 表示在这些具体荷载下固定设计并不可靠。对于 4 个固定器位于框架底的情况，试验结果表明，框架荷载很大（5000 lb ＝ 22.25 kN）、重心位置很高（为机架高度的 50%或 75%处）时，这些直径为 0.5 in（12.7 mm）的钢杆可满足使用要求，因为在图 13-3 中，它们的最小安全系数均小于 1.0。对于有 8 个固定器——4 个在框架底，4 个在框架顶的情况，直径为 0.5 in（12.7 mm）的钢杆足以满足使用要求，因为在图 13-4 中，其最小安全系数大于 1.0。此外，若固定杆的长度加倍至 24 in（610 mm），则其最大应力可增加 23%。此增加的应力能与不同的框架重量和不同的重心位置相协调。

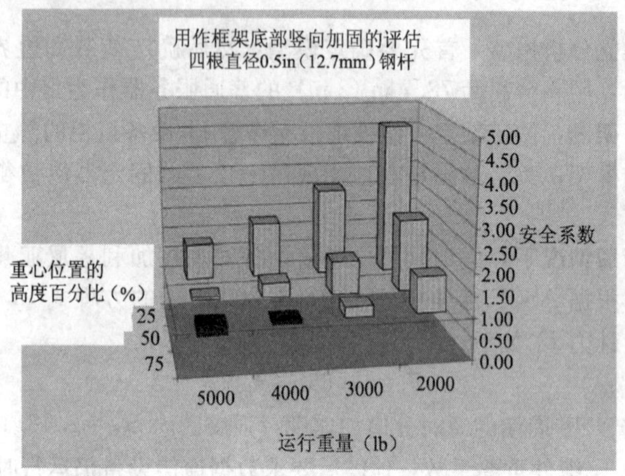

图 13-3 不同设备配置时对 4 根底部竖向加固杆的评估
[Notohardjono 与 Canfield 同意复制（2007）]

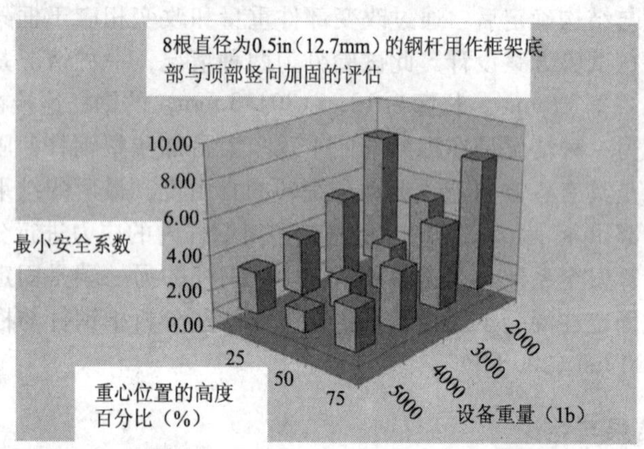

图 13-4 各种设备配置时对 8 根底部和顶部竖向固定杆的评估
[Notohardjono 与 Canfield 同意复制（2007）]

13.6 结构添加支撑评估

13.6.1 结构添加支撑定义

结构添加支撑是利用不同类别的构件对各种抗震改进附件进行调查、设计研究的另一个内容。它是在增加数据通信框架刚度的基础上来审视，然后比较每一个部件。

为了限制地震时的水平移动，有一个概念是采用一个三角支架和两根支撑杆，如图 13-5（*a*）所示。该三角支撑用铰接销安装在框架的一个角的支柱上，且被一个插销与紧固件限定在对面一侧。在此配置中，有了铰接销的三角支架，机架内的部件在安装在框架内时便于人接近。

另一个方案是采用一排后支撑托架，如图 13-5（*b*）所示。这种情形下有 7 个组合在一起的托架。每个托架被分别拴在框架上。这些支撑托架不会妨碍数据通信设备机柜后面一般是遍布电缆的布线工作。

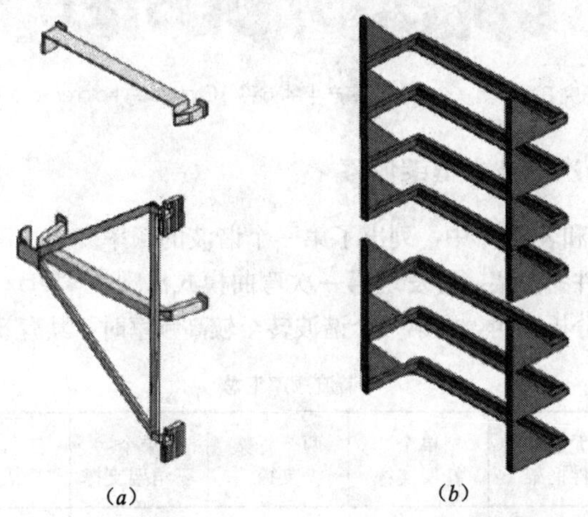

(*a*) (*b*)

图 13-5 （*a*）三角架支撑和支撑杆；（*b*）组合支撑托架

［Canfield 和 Notohardjono 同意复制（2004）］

随后一节的内容是评估这两种添加结构的多种变化。

13.6.2 评估结构添加支撑有效性的设计试验

图 13-6 中的两种结构添加支撑的有效性评估是采用了图 13-6 中下面图示部分的 6 种设计变化，具体图示（从左到右）如下：

（1）无添加件；

（2）单组托架支撑 ，如图 13-5（*b*）所示；

（3）两组托架支架（在框架前部与后部）；

（4）单个三角架支撑，如图 13-5（*a*）所示；

（5）三角架与托架支撑；

（6）两个三角架支撑。

每个添加形式的有限元分析模型采用 ANSYS（ANSYS 2006）中的

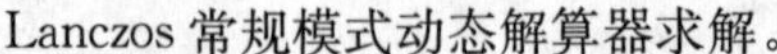

Lanczos 常规模式动态解算器求解。

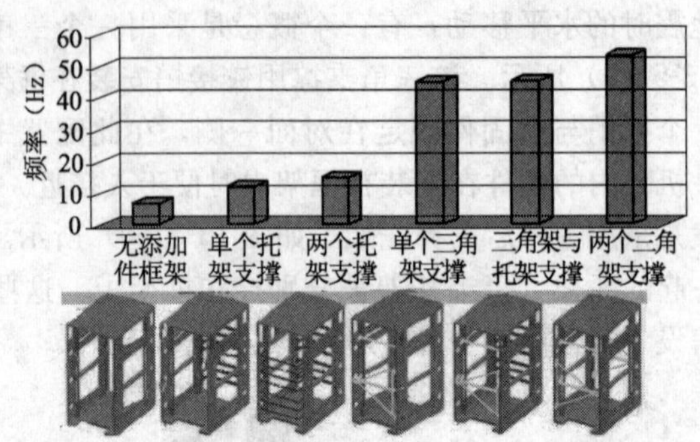

图 13-6 设计研究汇总：第一个谐波频率产生的偏移［Canfield 与 Notohardjono 同意复制（2004）］

13.6.3 第一次谐波中框架偏移

在图 13-6 和表 13-1 中，列出了第一个谐波的频率变化。审视无任何设计修改、未装部件的框架，可发现第一次弯曲模式出现在 6.9Hz 时。总的来说，对托架支撑的分析证明，在第一个谐波转至较高频率时，其有效性很小。

谐波频率汇总 **表 13-1**

	无添加件框架	单个托架支撑	两个托架支撑	单个三角架支撑	三角架与托架支撑	两个三角架支撑
第一个谐波（Hz）	6.93	12.34	14.8	45	45.3	53.27
第二个谐波（Hz）	35.66	36	36.35	56.3	57.08	61.37

另一方面，采用三角支撑能成功地将第一次弯曲模式发生的频率转移到 45.0Hz 或更高些。图 13-7 说明了效果最差设计与最有效设计使框架形状变化的情况。此评估表明由三角架提供的交叉支撑在增加谐波频率或增加系统整体水平刚度中最为成功。换言之，由于增加了框架刚度，框架的谐波频率也随着增加，而谐波频率的增加，会减小数据通信设备顶部水平摆动。

为了保护设备免受不希望有的环境影响，如振动、冲击及地震输入等，必须全面确定这些影响的方向和大小。为了在此过程中提供帮助，必须进行彻底分析，以弄清问题所在。像振动观测/研究技术和有限元分析技术等对确定此过程有极大帮助。一旦充分理解了振动问题后，就可确定振动控制的性能要求。

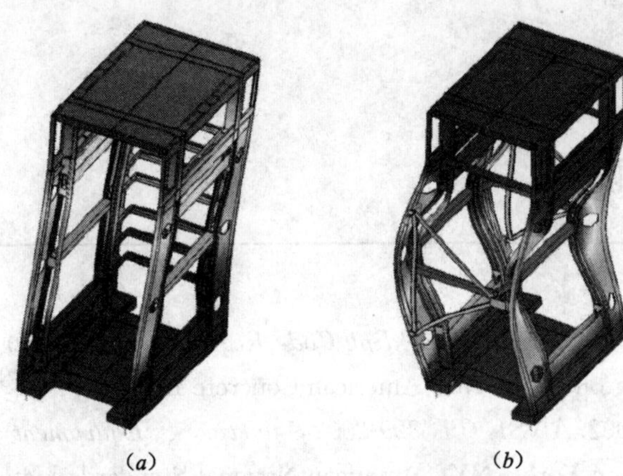

图 13-7　(a) 两个托架支撑设计，第一个模式形状（14.8Hz）
(b) 两个三角架支撑设计，第一个模式形状（53.3Hz）
[Canfield 和 Notohardjono 同意复制（2004）]

坚实的框架设计能提供良好的结构刚度，减小地震时结构晃动。在低端应用即不要求抗震耐用性的场合，可采用基本框架设计无需另加支撑件。独特的结构添加件（三角架支撑）已证明了它能增加整个框架系统的刚度，并保持很好的性价比，在需要时可融入这种做法。结构添加件能使框架基本设计在有潜在严重地震荷载的数据通信中心应用中提供所需性能。

参考文献

ACI. 2001. *ACI 318, Building Code Requirements for Structural Concrete*. Farmington Hills, MI: American Concrete Institute.

ANSI. 2002. *ANSI TI. 329-2002, Network Equipment—Earthquake Resistance*. New York, NY: American National Standards Instiute.

ANSYS. 2006. *ANSYS Multiphysics*. ANSYS, Inc., Canonsburg, PA.

ASCE. 2002. *ASCE Standard 7-02, Minimum Design Loads for Buildings and Other Structures*. Reston, VI: American Society of Civil Engineers.

ASCE. 2005. *ASCE Standard 7-05, Minimum Design Loads for Buildings and Other Structures*. Reston, VI: American Society of Civil Engineers.

ASHRAE. 1996. *ASHRAE Guideling 1-1996, The HVAC Commissioning Process*.

Atlanta: American Society of Heating, Refrigerating and Air -Conditioning Engineers, Inc.

ASHRAE. 2003. *2003 ASHRAE Handbook—HVAC Applications*, Chapter 47, "Sound and Vibration Control." Atlanta: American Society of Heating, Refrigerating and Air-Conditioning Engineers, Inc.

ASHRAE. 2004. *2004 ASHRAE Handbook—HVAC Systems and Equipment* Chapter 41, "Pipes, Tubes and Fittings." Atlanta: American Society of Heating, Refrigerating and Air-Conditioning Engineers, Inc.

ASHRAE. 2005a. *Datacom Equipment Power Trends and Cooling Applications*. Atlanta: American Society of Heating, Refrigerating and Air-Conditioning Engineers, Inc.

ASHRAE. 2005b. *Design Considerations for Datacom Equipment Centers*. Atlanta: American Society of Heating, Refrigerating and Air-Conditioning Engineers, Inc.

ASTM. 2006. *ASTM D 4728, Standard Test Method for Random Vibration Testing of Shipping Containers*. West Conshohocken, PA: ASTM

International.

BOCA. 1999. *The BOCA National Building Code*. Building Officials and Code Administrators International, Inc. (now International Code Council), Washington, DC.

BSSC. 2003. *FEMA 450, NEHRP Recommended Provisions for Seismic Regulations for Buildings and Other Structures, Part 2: Commentary*, Chapter 6, "Architectural, Mechanical, and Electrical Component Design Requirements." Washington, DC: Building Seismic Safety Council of the National Institute of Building Sciences.

BSSC. 2006. *FEMA 451, NEHRP Recommended Provtstons Destgn Examples*, Chapter 13, "Design for Nonstructural Components." Washington, DC: Building Seismic Safety Council of the National Institute of Building Sciences.

Canfield, S, and B. D. Notohardjono. 2004. Structural analysis of high-end server computer frames under earthquake loading. *Amertcom Soctery of Mechanteal Engtneers, Pressure Vessels and Ptping Diviston PVP, Setsmtc Engtneering* 486 (1) 155-62.

DOD. 2000. *MIL-STD-SIOF, Envtrommental Engtneering Constderations and Laboratry Test Method Standard*. Washington, DC: US Department of Defense.

DOD. 2002. *MIL-STD-202G, Test Methods of Electrontc and Electrlcal Compo-nent Parts*. Washington, DC: US Department of Defense.

Drake, R. 1990. Seismic analysis and design of computer access floors. *Proceedings ATC-29, Applted Technology Council, pp.* 61-73.

Eagan, J, M. Kermode, L. Skyrman, and L. Tumer. 2001. Ground vibration monitoring for construction blasting in urban areas. State of California Department of Transportation Report FHWA/CA/OR-2001/03, Final Report, April, Sacramento.

EERI. 1990. Loma prieta reconnaissance report. *Earthquake Spectra, Supplement to Voimme 6*. Oakland, CA: Earthquake Engineering Research Institute.

EJMA. 2003. *Standards of the Expanston Jotnt Manufacturers Assoctation*, &th ed. Expansion Joint Manufacturers Association.

FEMA. 1998. *FEMA 313, Promoting the Adoption and Enforcement of Setmic Building Codes*: *A Guidebook for state Earthquake and Mingation Managers*, Appendix A. Washington, DC: Federal Emergency Management Agency.

FIMS. 1987. *Data Processing Factities—Gnidelines for Earthquake Hazard Mitingation*, Washington, DC: Finance, Insurance and Monetary Services Committee of the Federal Emergency Management Agency.

Frey, R. 1989. Vibration field survey results and IBM standards revisions. IBM Intemal Technical Report TR 01. B136. Armonk, NY: IBM Corp.

Frey, R. A, B. D. Notohardjono, and R. Sullivan. 2000, Earthquake simulation tests on server computers. *ASME PVP* 402 (2): 1-8

Golub, G. H., R. Underwood and J. H. Wilkinson. 1972. The Lanczos algorithm for the aymrnmetic Ax=Lambda×Bi problern, STAN-CS-72-270, Stanford University, Computer Science Department, March, Stanford, CA.

Harris, C. M, and A. G. piersol. 2001. *Harrts′ Shock and Nbration Hondbook*, 5th ed. New York: MeGraw-Hill Professional.

IBM. 1990. *Corporate Standard 1-9711-002*, *Vibration Levels for IBM Hardware Products*, *Product Envtronments*, *Product Classes*. Armonk, NY: IBM Corp.

IBM. 1992*a*. Corporate Standard *1-9711-007*, *Operational Shock Levels for IBM Hardware Products Enviromments*, *Product Classes*. Armonk, NY: IBM Corp.

IBM. 1992b. *Corporate Standaed C-B 1-9711-009*, *Earthquake Resistamce for IBM Hardware Products Guldeltnes for Design and Testing*. Armonk, NY: IBM Corp.

IBM. 1995. *Corporate Standard C-H 1-9711-005*, *Packaged IBM Products*, *Testing for Shipment Test Levels and Procedures*. Armonk, NY: IBM Corp.

IBM. 2001. *Corporate Standard C-S I-*3705-001, *Machtme Mobiltty*, *Stabiltry*, *Stze and Mass Destgn Requtrements*. Armonk, NY: IBM Corp.

ICBO. 1991. *Uniform Building*. *Code*. Whittier, CA: International Conference of Building officials.

ICBO. 1994. *Uniform Building Code*. Whittier, CA: International Conference of Building Officials.

ICBO. 1997. *Uniform Building Code*. Whittier，CA：International Conference of Building Officials.

ICC. 2000. *International Building Code*. Country Club Hills，IL：International Code Council.

ICC. 2003. *International Building Code*. Country Club Hills，IL：International Code Council.

ICC. 2006. *International Building Code*. Country Club Hills，IL：International Code Council.

ICC-ES. 2007. *AC-156，Acceptance Criterta for Setsmtc Qualtfication by Shake Table Testing of Nonstructeual Components and Systems*. Whittier，CA：International Code Council Evaluation Service，Inc. www. ice-es. org/criteria/pdf _ files/ac 156. pdf.

Meyer，J. D.，T. T. Soong，and R. H. Hill. 1998. Retrofit seismic mitigation of rnainfreme computers and associated equipment：A case study. *Proceedings ATC-29-1*，Applied Technology Council，Redwood City，CA.

NFPA. 2003. *NFPA 5000，Building Construction and Safety Code*. Quincy，MA：National Fire Protection Association.

Notohardjono，B. D. 1993. Frarne and subassernblies shock and vibration compliance test，tiedown installation manual. IBM Internal Report Doc 03DEC1993. Armonk，NY：IBM Corp.

Notohardjono，B. D. 2003. *Tiedown Installation Marnual*. IBM Manual PN 16R1105，EC J10559. Armonk，NY：IBM Corp.

Notohardjono，B. D. 2006. IBM data center vibration monitoring. IBM Internal Technical Report 2006. Arrnonk，NY：IBM Corp.

Notohardjono，B. D.，and S. Canfield. 2007. Finite element analysis of datacom equiprnent and earthquake anchorage systerns. IBM Internal Report. Arnonk，NY：IBM Corp. Also to be published in *American Soctery of Mechanical Enginesrs，Pressure Vessels and Piping Division* in 2008.

Notohardjono，B. D.，J. S. Corbin，S. J. Mazzuca，S. C. McIntosh，and H. Welz. 2001. Modular server frame with robust earthquake retention. *IBM Journal of Research and Development* 45（6）：771-82.

Notohardjono，B. D. J. Wilcoski，and J. B. Gambill. 2004. Design of earthquake resistant server computer structures. *ASME Jonrnal of Pressure Vessel Technology*126 (1)：66-74.

Olson，R. A. 1992. Earthquake protection for data systems. *Disaster Recovery Journal* 5 (2)：35-42.

Pekcan，G. 2007. Private communication，University of Reno at Nevada，Reno，Nevada.

SBCCI. 1997. *Standard Bnilding Code. Southem Buiding Code Congress International*，*Inc.* (now International Code Council)，Washington，DC.

Tate. 2003. Boltet stringer understructure for concore and all steel access floor panels-24in. type 6A. Jessup，MD：Tate Access Floors，Inc.

Telcordia. 2006. *Network Equipment-Building System* (*NEBS*) *Requtrements*：*Physical Protection*，*Gerneric Requirements*. GR-63-Code. Piscataway，NJ：Telcordia Tdchnologies，Inc.

US Army. 1992. *Tri-Service Manial TM 5-809-10*，*Seisnic Design for Buildings*. Washington，DC：Department of Army (Corps of Engineers) . www. usace. army. mil/publications/armytrn/trn5-809-10.

附录 A
建筑结构及结构组件规范

美国建筑规范的主要目的向来都是包括建筑物居住者及紧邻建筑物外部的人员生命和安全。建筑规范要求通常适用于新建筑及进行重大扩充或改造的既有结构。

此类规范的目的是为了确保建筑物能够支持规定的重力负荷且不会造成结构或建筑事故，并且确保强震或强风或超出规范规定的最低设计等级情况下建筑物不会发生结构倒塌。但是，这只是假定此类建筑物可能会发生结构变形或损坏以及更加严重的外观损坏。

21 世纪早期发生的几次自然和人为灾难后，其他考虑因素已经变得更加重要。例如：保持逃离建筑物的出口敞开并确保连接紧急呼叫的医院及通信中心等基本设施在事故发生后保持运行。建筑物结构及非结构部件上发生的事故而产生经济影响也开始受到更多关注。

自 20 世纪早期开始，采用建筑规范确定最低可接受设计标准一直是常用惯例。从那时候开始，美国几个区域性机构已经建立了标准建筑规范，但各不相同。1995 年，这些区域机构——国际建筑官员与规范管理人员协会（BOCA）、国际官方建筑师会议（ICBO）以及南方建筑规范国际委员会（SBCCI）决定结合其力量并成立国际规范委员会（ICC），于 2000 年出版了第一版主要规范。

编写概述的时候，大多数美国州、郡、市及政府机构已采用其中一份标准规范、改编其中一份标准规范或一些情况下自行编写建筑规范。另外，一些州还在全州范围内采用特定的建筑规范（或者经常是覆盖多种功能的一套规范）、有时候提供州府修正案，但通常由当地主管机构决定改编该规范并选择如何按规定执行。当地机构通常有权修正州立规范会加入其自己的额外要求。这可能会导致相邻或附近辖区中要求差异相当大。

为了确保满足规范要求，当地政府机构要求营造商必须就其工程办理建筑物方案审核手续。方案审查手续通常考虑结构的建筑地点、结构自身及机电、给水排水及消防等所有建筑物功能。乡镇及县等小型自治政府可能不能提供这些服务；所以，必须从地区或州府级别检查是否符合规范。大型大都市区域拥有审核、批准并发放建筑许可证且在项目完成时颁发房产证的当地规划部门。

一些州政府向其下属管辖范围委派其规范采用及执行机构，但是其自身建筑物无需符合当地建筑物规范或当地修正案，而采用全州范围的建筑规范。一些情况中可能会要求额外的非官方审查，例如要求遵守当地规范的信用机构以及有时鼓励符合特定规范或指导方针并为其提供保险费奖励的保险公司等。

但是，尽管可能会要求这些各种审查和批准，但任何情况下，设计专业人士必须承担最终负责确保他或她的设计符合适用的建筑规范、施工团队了解设计意图且最终结构总体符合合同资料。

目前美国采用的主要规范是以国际建筑规范（IBC）——国际规范委员会初版的标准规范为基础。该标准规范目前已经是第三版（版本分别为2000年、2003年及2006年），其很大程度是以三个早期标准规范为基础的：BOCA国家建筑规范（BOCA）、标准建筑规范（SBC）及统一建筑规范（UBC）。所有这些规范均出版过无数版本。

一些管辖区域仍然采用其中一个或多个早期规范。另外，国家防火协会（NFPA）编写了许多规范及标准规范，包括可能被很多管辖区域使用的NFPA5000建筑物施工及安全规范（NFPA 2003）。同时各种技术协议也编写并提供了指导方针、方法及辅助标准等。这些协会提供的其中一些指导方针和出版物如下所列。

ASCE——美国土木工程师协会

该机构已经出版了很多刊物，以下是其中一部分：

ASCE标准 5，《砖石结构建筑规范要求》；

ASCE标准 6，《砖石机构技术规范》；

ASCE标准 7，《建筑物及其他结构最低设计荷载》；

ASCE标准 8，《冷成型不锈钢结构设计技术规范》；

ASCE标准 11，《现有建筑物结构条件评估指导方针》。

ACI——美国混凝土学会

ACI 318，《结构混凝土建筑规范要求》；

ACI 530，《砖石结构建筑规范》。

AISC——美国钢结构学会

AISC 303，《钢结构建筑物及桥梁标准实践规范》；
AISC 335，《钢结构建筑物技术规范（容许应力及塑性设计）》；
AISC 341，《钢结构建筑物抗震规定》；
AISC 350，《钢结构建筑物负荷及阻力因素设计技术规范》。

AISI——美国钢铁学会

《冷成形钢结构设计技术规范》。

AWS——美国焊接学会

AWS D1.1，《钢结构焊接规范》；
AWS D1.3，《钢板结构焊接规范》；
AWS D1.4，《加强筋结构焊接规范》。

美国陆军和空军部

TM 5-805-13，《高架活动地板系统》；
TM 5-809-10，《建筑物抗震设计》。

DOD——国防部

UFC 4-023-03，《建筑物抗连锁倒塌设计》。

FM——工厂互助保险组织

全球工厂互助保险组织已经为许多建筑物问题或组件建立了财产防损数据表，包括：
1-28，《设计风负荷》；
1-29，《屋面甲板固定及甲板上方屋面组件》；
1-54，《新结构屋面负荷》。

SDI——美国钢承板协会

SDI 30，《复合甲板、模板甲板及屋面甲板设计手册》；
SDI-DDMO2，《薄板设计手册》。

SJI——美国钢桁协会

钢桁及托梁标准技术规范及负荷表。

附录 B

材料重量

以下所示荷载为近似值。许多材料的重量会变化。如有疑问，可咨询制造商或供应商。

最小静荷载 **表 B-1**

材　　料	重量（psf）	重量（kN/m²）
屋面覆盖层		
复合屋面		
三层预制屋面材料	1.0	0.05
三层油毡	1.5	0.07
带细石三层油毡	5.5	0.26
五层油毡	2.5	0.12
带细石层五层毡	6.5	0.31
单层屋面材料		
沥青细砂面层	5.5	0.26
沥青光滑面层	1.5	0.07
EPDM，粘结	0.7	0.03
EPDM，铺压	大于或等于 12	大于或等于 0.57
采用液体	1.0	0.05
屋面盖板		
石棉水泥	4.0	0.19
沥青	2.0	0.10
木材	3.0	0.14
瓦片（砂浆粘结系统，增加 10 psf）		
混凝土	10～16	0.48～0.77

续表

材　料	重量（psf）	重量（kN/m²）
罗马陶瓦	12.0	0.57
西班牙陶瓦	19.0	0.91
卢多维西陶瓦	10.0	0.48
其他屋面材料		
铜或锡	1.0	0.05
波纹金属屋面材料	2.0	0.10
天窗	8.0	0.38
石板（3/16 in）	7.0	0.34
石板（1/4 in）	10.0	0.48
立缝接合金属屋面材料	1.5	0.07
木材（每 in）	3.0	0.14
保温（每 in 厚度）		
泡沫玻璃	0.7	0.03
泡沫聚苯乙烯	0.2	0.01
纤维板	1.5	0.07
硬质玻璃纤维	1.5	0.07
珍珠岩	0.8	0.04
硬质材料	1.5	0.07
有面层聚氨酯泡沫材料	0.5	0.02
盖面层		
木材（3/4 in）	3.0	0.14
石膏板（1 in）	4.0	0.19
保温岩棉（1 in）	2.7	0.13
浇注石膏（1 in）	6.5	0.31
顶盖（1 in）	2.0	0.10
蛭石混凝土（1 in）	2.7	0.13
胶合板（1 in）	3.0	0.14
1 in 外覆盖物（标称）	2.1	0.10
2 in 木覆盖物	4.2	0.20
3 in 木材盖板	6.8	0.33

续表

材　料	重量（psf）	重量（kN/m²）
4 in 木材盖板	9.3	0.45
1.5 in 22 ga 宽肋镀锌	1.8	0.09
3 in 22 ga 镀锌	2.5	0.12
1.5 in 20 ga 宽肋　镀锌	2.4	0.11
1.5 in 18 ga 宽肋　镀锌	3.0	0.14
吊平顶		
吸声纤维板块	1.0	0.05
悬挂槽沟系统	1.0	0.05
抗震悬吊槽钢系统	2.0	0.10
1/2 in 石膏板	2.2	0.11
5/8 in 石膏板	2.5	0.12
工程实践手册允许的材料	4.0	0.19
抹灰（厚 1 in）	8.0	0.38
喷淋系统	3.0	0.14
悬挂金属网及水泥抹灰	15.0	0.72
悬挂金属网及石膏抹灰	10.0	0.48
墙与隔断		
木支柱（花旗松及长叶松）		
12 in o.c. 时 2×4 in	1.4	0.07
16 in o.c. 时 2×4 in	1.1	0.05
24 in o.c. 时 2×4 in	0.7	0.03
12 in o.c. 时 2×6 in	2.2	0.11
16 in o.c. 时 2×6 in	1.7	0.08
24 in o.c. 时 2×6 in	1.1	0.05
1/2 in 石膏板	2.5	0.12
拉毛水泥（1 in）	12.0	0.57
木板（1 in）	2.5	0.12
玻璃，板 1/4 in	3.3	0.16
水泥抹灰（1 in）	8.0	0.38
石膏抹灰（1 in）	5.0	0.24
窗户（玻璃、窗框与窗扇）	8.0	0.38

续表

材料	重量（psf）	重量（kN/m²）
砖石		
黏土砖（依据威思要求）		
4 in 砖	40.0	1.92
8 in 砖	80.0	3.83
12 in 砖	120.0	5.75
空心混凝土砌块（CMU，轻量型，≤105 pcf）		
4 in 空心混凝土砌块	22.0	1.05
6 in 空心混凝土砌块	24.0	1.15
8 in 空心混凝土砌块	31.0	1.48
12 in 空心混凝土砌块	43.0	2.06
空心混凝土块（CMU，轻量型，≤135 pcf）		
4 in 空心混凝土砌块	29.0	1.39
6 in 空心混凝土砌块	43.0	2.06
8 in 空心混凝土砌块	39.0	1.87
12 in 空心混凝土砌块	54.0	2.59
其他（依据威思要求）		
4 in 石块	55.0	2.63
4 in 玻璃砖	18.0	0.86
地面		
钢		参见制造商资料
混凝土（1 in 厚）		
常规重量	12.0	0.57
半轻量型	9.5	0.45
加强型（典型分布）	0.5	0.02
架空可检视地板	10～15	0.48～0.72
硬木（1 in 标称）	4.0	0.19
胶合板（按 1 in 厚度）	3.0	0.14
瓷砖或缸砖块（3/4 in）	10.0	0.48
油毡（1/4 in）	1.0	0.05
水磨石地面（1.5 in）	19.0	0.91

续表

物　体	重量（lb/ft³）	重量（kN/m³）
美国风干木料		
红松	22.0	3.46
冷杉、云杉	32.0	5.03
榆树	45.0	7.07
铁杉	29.0	4.56
枫木（硬质）	43.0	6.76
橡木（新的）	59.0	9.27
橡木（白色）	46.0	7.23
黄色长叶松	44.0	6.91
黄色短叶松	38.0	5.97
红杉	26.0	4.09
云杉	27.0	4.24
其他		
玻璃	160.0	25.14
石膏墙板	50.0	7.86

附录 C

架空可检视地板计算

C.1 架空可检视地板荷载定义

C.1.1 集中荷载

架空可检视地板集中荷载定义为：1 in^2 架空可检视地板上能承受的荷载，且其挠度不大于 0.100 in (2.54mm)，荷载撤除后的永久变形不大于 0.01 in (0.254mm)(见图 C-1)。架空可检视地板的集中承载力在 1000 lb (4445 N) 到 3500 lb (15572 N) 范围内变化，取决于地板的类型和不同的制造商。注：术语“集中荷载”与术语“点荷载”为同义词。

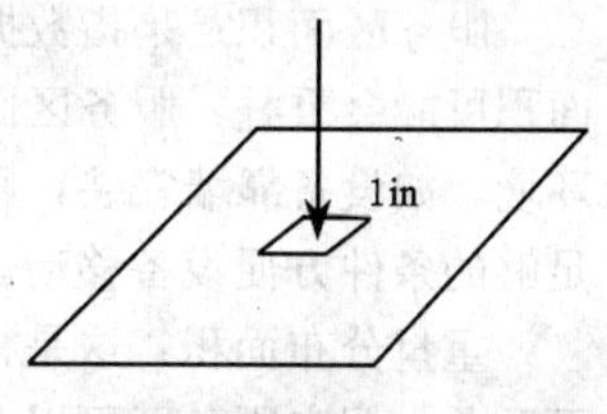

图 C-1　集中荷载

当多台设备成组配置、安装时，一块地板可能会受到两个点荷载。来自每台相邻机器的其中一个自位轮会有很大的荷载传给地板，对于重量为 M 的机器，其名义自位轮荷载为 $M/3$，最不利情况时的集中荷载为 $M/2$。在一定时间内，四个自位轮中的三个将承担设备的总重量（有三点确定平面）。对于重量在一侧的设备，通过自位轮传递荷载值可向上调整。

C.1.2 均匀荷载

地板的均匀荷载定义为：1ft^2 地板的荷载承受能力，它为地板集中荷载的 25%。因均匀荷载引起的表面挠度不大于 0.060 in (1.52 mm)，且撤除荷载后的永久变形不超过 0.010 in (0.254 mm)。机器重量为 M、底面积为 A 的均匀荷载为 M/A。

C.1.3 极限荷载

架空可检视地板的极限荷载定义为：施加在 1 in^2（645 mm^2）地板上不使地板破坏的最大荷载。

C.1.4 滚动荷载

地板的滚动荷载定义为：地板能承受具体轮径与轮宽的滚动荷载，且永久变形不大于 0.040 in (1mm)。对于一台重量为 M 的设备，预计每个自位轮的名义滚动荷载为 $M/3$，最不利情况时的滚动荷载为 $M/2$。滚动荷载是指不常有的重设备荷载（基于 10 次通过测试）和经常性的非设备荷载（基于 10000 次通过测试）。

C.2 楼板荷载

C.2.1 定义

为了计算楼板荷载，本章中使用了以下定义。

机器面积：直接位于数据通信设备下的面积。它由代表设备周边的长度与宽度尺寸来确定。在下一节的公式中，机器面积以“A”表示。

服务区面积：是指数据通信设备周围的面积。相邻数据设备的服务区面积可能会重叠。服务区面积的大小取决于设备应用和设备安装所期望的环境。如设备靠墙安装，则服务区能让人在设备前端服务，并在需要时有足够的条件方便设备移动。

重量分布面积：这是指数据通信设备周围的面积，重量分布区也许不可重叠。假定服务区可以重叠，但重量分布区不能重叠；当两台设备相邻安装时，两台设备之间只有一半面积可用作任一台设备重量分布。如最终面积不足以适当进行重量分布，则设备之间的距离 X 必须增加，直到重量可得到合理分布时为止。在下节公式中，重量分布面积以“S”表示。

C.2.2 楼板荷载额定值

楼板荷载额定值或建筑物楼板最大容许分布荷载随不同建筑物而异——有些数据通信设备设施的楼板以支撑均匀分布荷载 70 lb/ft^2（3350 N/m^2）为额定值。在任何情况下，重要的是要验证楼板的容许荷载值。为了估算均布荷载值，有必要确定数据通信设备传递给部件的荷载，包括数据通信设备安装荷载与系统电缆布线荷载。

活荷载是重量分布区内、设备周围由人员往来、测试设备和各种推车、用户指南及手册等施加的重量。活荷载以“$K1$”表示，在下节示例中以15 lb/ft^2（718 N/m^2）计。

在许多情况下，数据通信设备是安装在架空可检视地板环境中。这是一种用于营造建筑结构楼板之上地板区的结构。架空地板下面的空间便于电缆布置和冷风分布。架空可检视地板与系统电缆施加在建筑结构楼板上的估算荷载为 10 lb/ft^2（478 N/m^2）。此值在下节示例中以“$K2$”表示。

$K1$、$K2$ 这两个值可向高值调整，例如：配置重型电缆的高性能通信设备可能需要有较大的 $K2$ 值。

C.3 楼板荷载计算

C.3.1 通用公式

设备的安装重量必须是：施加在楼板上的荷载（FL）应小于或等于建筑楼板荷载额定值（FLR）(IBm2001)。

楼板荷载（FL）为：

$$FL=\frac{M+(K1\times S)+K2\times(S+A)}{S+A} \tag{C-1}$$

式中 FLR——楼板最大额定荷载，N/m^2；

FL——楼板荷载，N/m^2；

M——数据通信设备重量，N；

$K1$——重量分布区内的活荷载，以 718 N/m^2 计；

$K2$——该区内架空可检视地板/电缆的荷载，以 478 N/m^2 计；

A——机器面积，m^2；

S——重量分布区，m^2。

C.3.2 楼板荷载计算示例

【例 1】 已知：框架重量为 5000N，其基底尺寸为 750mm×1525mm，重量分布区如图 C-2 所示，则机器的楼板荷载确定如下：

$$A=0.75\times1.525=1.144\text{m}^2$$

$$S+A=(0.75+0.76+0.76)\times(1.525+0.76+0.76)=6.912\text{m}^2$$

$$S=6.912\text{m}^2-1.144\text{m}^2=5.768\text{m}^2$$

$$FL=[5000+(718\times5.768)+(478\times6.912)]/6.912=1800\text{N/m}^2$$

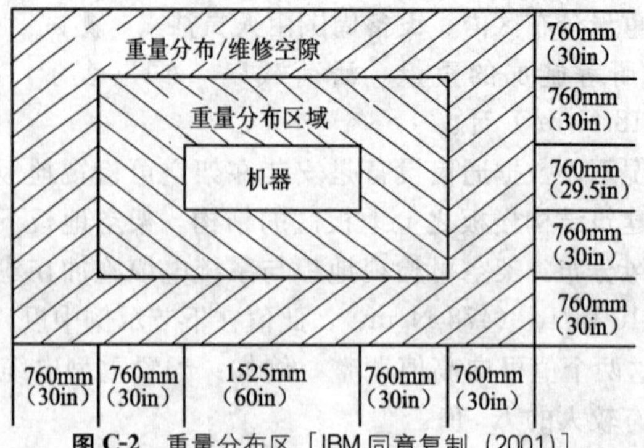

图 C-2 重量分布区［IBM 同意复制（2001）］

在此例中，楼板荷载小于允许荷载值 3450N/m²。

【例 2】 一个多框架机器成组配置安装（共有四个框架）。

机器尺寸：0.75×1m；

机器重量：6000N；

服务区域：

前面与后面 1.2m；

框架之间 0m；

一组框架的左面与右面：1m。

采用一半服务区尺寸之半（1.2/2=0.6m，1/2=0.5m）来计算重量分布面积。

校核仅基于服务区的重量分布区的 FL 值是否小于 3450N/m²（假定另加框架组系统的位置只能在它们与该组框架之间的服务区内，故采用服务区距离之半）。

首先将四个框架作为整体系统进行校核：

$$M=6000\times4=24000\text{N}$$

$$A=(0.75\times1)\times4=3\text{m}^2$$

$$S=[(1\text{m}/2\times2)+0.75\text{m}\times4]\times(1.2/2\text{m}+1\text{m}+1.2/2\text{m})-A=5.8\text{m}^2$$

$$S+A=5.8\text{m}^2+3\text{m}^2=8.8\text{m}^2$$

$$FL=[24000+(718\times5.8)+(478\times8.8)]/8.8=3627\text{N/m}^2$$

在此示例中，假设楼板的允许均匀荷载为 3450N/m²，则服务区必须增加，以增加重量分布区面积，减小楼板荷载值。

C.4 架空可检视地板系统结构指南

地震区域内大多数架空可检视地板均安装有“抗震级”支座，这些支座用高强度支座胶粘剂被紧固在混凝土底板上。采用胶粘剂可避免用机械紧固件或四脚抗震支架。但是，在有些极端情况下，例如通常是架空地板高度很高、地板荷载很大，地板块有重大毛病时（或这些极端情况组合在一起时），也许需要用机械紧固件或加强支架来固定支座。

确定计划中的架空可检视地板的正确类型与固定方法是基于工程适用的建筑规范所规定的水平方程式进行抗震分析。应记住，建筑规范并不能制定架空可检视地板的抗震性能——它们只能为确定作用在架空可检视地板上的地震水平力提供方程式。地下结构的实际抗震要求取决于抗震标准与制定工程荷载要求。用于计算地震水平力的通用规范是：ASCE Standard 7-05 Minimum Design load for Building and Other Structures（ASCE 2005）和 International Building Code（ICC 2003）。

C.4.1 确定地震水平力 F_p

为了确定适当的支座类型（或多种类型）和适当的固定或加强方法，以下列出的准则用于确定地震水平力 F_p。F_p 是用 ASCE Standard 7-05（ASCE 2005）13.3-1 节中的方程式进行计算的，在本书附件 E 中将详细地进行讨论。

$$F_p=[(0.4a_pS_{DS}W_p)/(R_p/I_p)][1+2(z/h)] \qquad \text{(C-2)}$$

但 F_p 不应小于 $F_p=0.3S_{DS}I_pW_p$。

式中 a_p——组件放大系数（ASCEStandard7-05 中的表 13.5-1），架空可检视地板给出值为 1.0；

S_{DS}——设计频谱响应加速度；

W_p——组件运行重量；

R_p——组件响应修正系数，为 1.5 或 2.5，取决于支座是用胶粘剂还是用机械紧固件固定在结构板上（ASCEStandard7-05 中的表 13.5-1）；

I_p——组件重要系数；

z——架空可检视地板依附在建筑物处的结构高度；

h——相对于基础的建筑物屋面高度。

C.4.2 计算设计频谱响应加速度 S_{DS}［IBC1615.1.3 节（ICC 2003)］

设计频谱响应加速度（S_{DS}）值是一个考虑项目地点与土壤类型的最终加速度系数，它采用下列方程式［IBC 中的方程式 16.40（ICC 2003)］进行计算：

$$S_{DS}=2/3S_{MS} \tag{C-3}$$

式中 S_{MS}——所考虑的最大地震值，F_aS_s（IBC 1615.1.2 节）；

S_s——地图标出的短周期最大频谱加速度（IBC 1615.1.2 节）；

F_a——场地系数，它是随地图标出的短周期最大频谱加速度（S_s）与场地等级（IBC 中的表 1615.1.2）而异。场地等级基于土壤类型一列于 IBC 中的表 1615.1.2。若场地等级未作规定时，则设计中通常采用 D 级（坚实土壤）。

C.4.3 确定地图标出的短周期最大频谱加速度 S_s

计算 F_p 所用的地图标出的短周期最大频谱加速度（S_s），取自 IBC 中图 1615.1～图 1615.10 的短周期 0.2s 的地图标出值。

C.4.4 计算组件运行重量 W_p

组件的运行重量包括架空可检视地板上的设备均布活荷载（设备荷载不依附在架空可检视地板上时，荷载通常可减少 75%）加上架空可检视地板重量以及 100%设备重量与/或依附在架空可检视地板上的隔断重量［见 ASCE Standard 7-05 中的第 13 章（ASCE 2005）］。应该记住，用于架空可检视地板设计的活荷载值是基于地板的预期用途，而不是地板的均匀荷载额定值。IBC 标明数据通信房间的最小均布活荷载为 100 psf（lb/ft^2）、办公室为 50 psf。其他荷载值由用户确定替换。

因此，典型数据通信架空可检视地板上的组件运行重量与荷载计算如下：

$$W_p=[(100.0psf\times25\%)+10.0psf+10.0psf]=45.0psf=2154N/m^2$$

式中，设备活荷载＝100.0psf＝4788N/m^2；架空可检视地板静荷载＝10.0psf＝479N/m^2；隔断静荷载＝10.0psf＝479N/m^2。

C.4.5 确定组件重要系数 I_p

组件重要系数（I_p）选择如下：

抗震用途组 I：$I_p=1.0$（非下列所注明的其他各种使用情况）；

抗震用途组 II：$I_p=1.25$（由于有人或在使用时会造成重大公共灾害的结构）；

抗震用途组 III：$I_p=1.5$（地震后必须运行的重要设施）。

C.4.6 选择适当支座

在确定了施加在架空可检视地板上的地震水平力 F_p 后，利用支座的辅助面积和高度可方便计算施加在地板支座上的地震位移。然后，在已知各种支座的位移限值基础上选择恰当的支座形式和固定方法。支座位移的限值可通过结构计算或实际倾覆测试获得。

附录 D

数据中心振动检测

D.1 概述

该附录简要介绍了数据通信设备与冷却设备的运行冲击及振动典型测试图。测试图也可用作数据通信中心的一个限值，即可接受的振动级。冲击和振动对数据通信设备运行性能的影响取决于设备机柜如何将冲击和振动传递到重要组件上。可接受的冲击和振动级通常可从数据通信设备制造商处获得，但数据通信间内地面的实际震级并不容易得到。该附件是为如何记录数据以及何种数据需用于评估振动对数据通信设备功能性运行的影响提供资料。此外，该附录也告知数据通信中心操作人员怎样的振动幅度可视为正常或较大。

D.2 引言

高性能计算机服务器、存储服务器、网络设备、机架安装的设备及供冷设备等数据通信设备，都会产生振动并传递到周围的数据通信设备上。随着数据通信设备功能日益强大，制冷需求也更大，也导致风机或泵的转速较高，于是较大的振动幅度将会传递到地面和数据通信设备上。

在某些情况下，数据通信设备操作人员会感觉到振动，并关注该振动对建筑物内数据中心设备运行的影响。其他数据通信中心操作人员可能关注叉车及卡车在近设备间的仓库内工作时振动过大。还有的数据通信设备间，位于 26 层建筑物中的第 12 层。在直接贴在主结构上的相邻建筑物内安装了发电机时，其产生的振动级在建筑物内任何地方均可感觉到。所有这些实例均存在可能影响数据通信设备运行的振动环境。为了评估这些运行振动等级的影响，人们需要了解数据通信设备可承受多大震级，传递到数据通信设备的振动幅度有多大。

第一份信息可从数据通信设备制造商处获得，但每种数据通信设备可能有不同规定，例如有各种频率时的 g-力级或某一个 PSD（功率光谱密度）图形。第二份信息是数据中心振动，它可能不容易获得。在本附录中，将讨论可测试的数据通信设备典型振动级。然而提供数据通信设备测试、数据通信设备间可接受的振动标准和数据通信设备间振动测定的方法等。最后提供数据通信设备的一些实际测定情况。

在此附录中，无意评估运行振动（主要是垂直方向）对数据通信设备运行性能的影响。数据通信制造商可以在数据通信设备的测试与设计基础上评估振动对其数据通信设备的影响。给出的典型运行测试仅作指南用。

D.3 典型的运行振动与冲击测试

图 D-1 是 30min 短暂典型测试的情况。该图表明了产品安装表面的振级大于图 D-1 中规定等级的概率不超过 0.001。总之，规定等级适用于除机架安装产品外的三个正交座标轴，在此场合下一个轴标就已足够。该图中的 grms 值为 0.1。

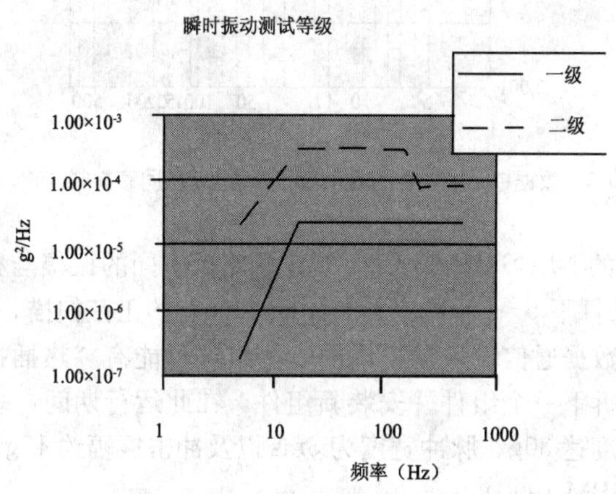

图 D-1 数据中心内发生的典型功率频谱密度［IBM 同意复制（1990）］

此外，建议采用正弦加随机测试技术，以模拟 0.06g 条件下 50Hz 与 60Hz 时的行频。若不能获得正弦加随机性能，则应运行在 0.06g 条件下正弦停止在 50Hz 与 60Hz 运行 15min。对于 15～500Hz 的频率范围来说，图 D-1 所示的 1 级振幅为 $2.2\times10^{-5}g^2/Hz$；而对于 2 级，振幅为 $3.0\times10^{-4}g^2/Hz$。

对于机架安装的重型数据通信设备，1 级是适当的测试图；对于轻型数据通信设备，可采用 2 级测试图。测试图适用于基础或产品的支撑点，例如在自位轮处或找平脚处。这两个等级也可用作数据通信设备或供冷设备传递到数据中心地面上的振动上限。

图 D-2 中所示的持续振动是设备在整个使用寿命期间会呈现的一种振动，持续振动可产生并能被承受得住的共振。

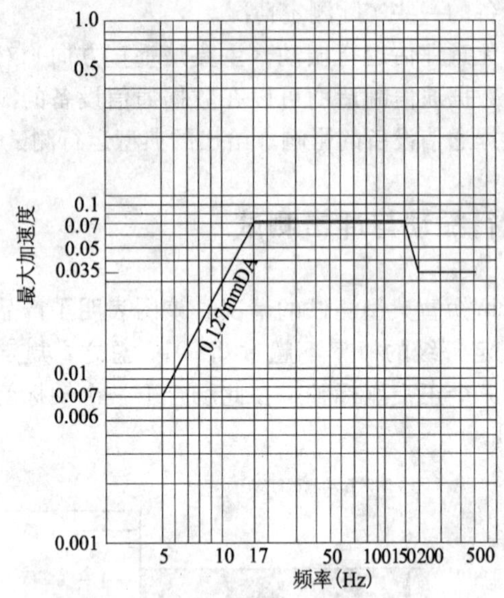

图 D-2 数据中心内发生的典型运行振动［IBM 同意复制（1990）］

Telcordia 的 NEBS GR-63-Core 规定了略微不同的振幅与频率，同时还规定了 0.1g 条件下 5～100Hz（Telcordia 2006）的正弦扫描。

有时候，数据通信设备机柜内的一些组件可能有“热插拔”功能，即在系统运行时拆下一个组件并安装新组件。在此运行期间，垂直方向可能会发生冲击幅度达 30g、脉冲宽度为 3ms 以及冲击振幅约 15g、脉冲宽度为 3ms 的情况（IBM 1990）。

D.4 数据中心记录的典型运行振动与冲击振幅

前节所述的冲击与振动级是由数据通信设备间内的实际振动测试来确定的。给定值的大小为峰值振幅的包络线，这些数值可作为数据通信设备或供冷设备所产生振幅的典型限值。所以，这些限值也可用作数据通信设备可接受的振级，因为数据通信设备是为了满足这些限值而进行测试的。那么其也可以用作数据通信设备间。实际上，大多数数据通信设备可以承受较大的运行冲击与振动强度。但数据通信制造商可能不会按照高于前节所示的等级进行测试。

图 D-3 中的实线表示图 D-2 中所示的振级；虚线表示人员开始感觉到振动的临界值（Harris 与 Piersol 2001）。破折线则表示人员感觉不舒服的振级。一般来说，只要人员感觉不到不舒适的震级时，则数据通信设备间内的震级是在容许或可接受的等级内。

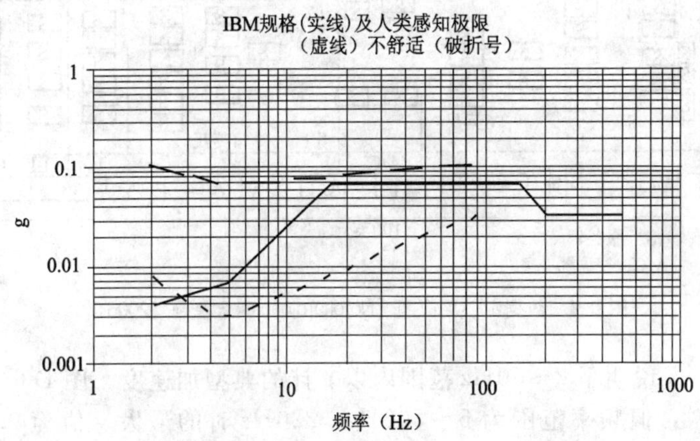

图 D-3　人类感知振动平均最大加速度限值［Notohardjono 同意复制（2006）］

D.5　数据中心地面振动监控

图 D-1 及图 D-2 介绍了数据中心内振动的期望强度。数据通信制造商不仅需要振动强度，还需要与该强度相关的频率，作为评估振动对数据通信设备影响的重要资料。总的来说，仅记录振动强度数据，不管是计 g-力或计速度，其测试仪表的价格低于为收集强度和频谱数据的仪表，但记录 g 或 PSD（功率光谱密度）与频率数据之间的关系是很重要的。频率数据的范围应该在 5～500Hz。完成该任务可能需要采集两组数据：一组是位于 2～50Hz，用于捕捉低频；第二组是位于 50～500Hz，用于捕捉高于 50Hz 的频率。

图 D-4 所示为一个数据中心平面。供冷机组表示为 A/C 方框；数据通信设备表示为 S 方框。振动监测点有 9 个位置，分别表示为 I-1、I-2、I-3、II-1、…III-3。

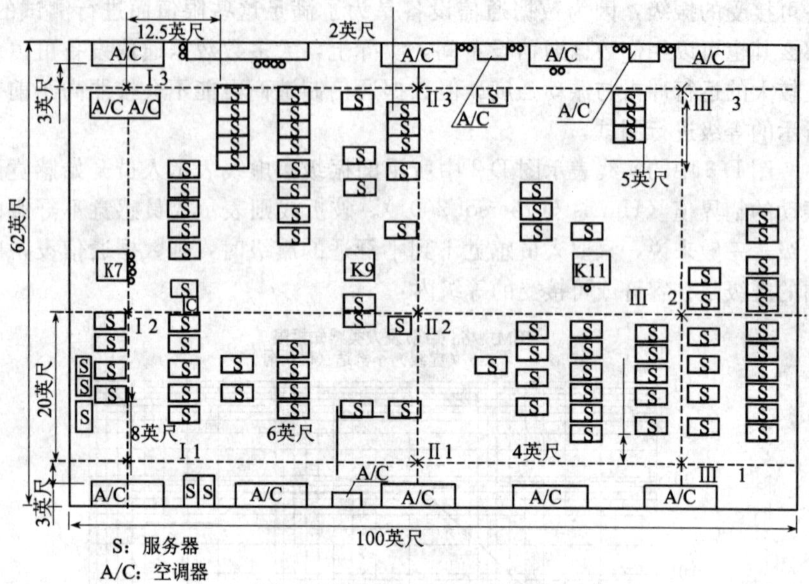

图 D-4 数据中心平面图［Notohardjono 同意复制（2006）］

图 D-5 说明了 2～50Hz 范围内以 g 计的典型加速度。图 D-6 表明了类似资料，但频率范围为 5～500Hz。220Hz 时的最大 g 值为 0.002g。该值的数量级小于图 D-2 中给出的限值（0.035）。近供冷机组的区域的振动较其他区域强。图 D-7 与图 D-8 中的数据以不同的形式表示。图中的振动大小以垂直轴 g^2/Hz 与 Hz 之间的关系来表示。在 220Hz 时，垂直轴上的值为 $5.4\times10\times10^{-5}g^2$/Hz，它比 1 级值稍大，但仍然低于 2 级值（见图 D-1）。

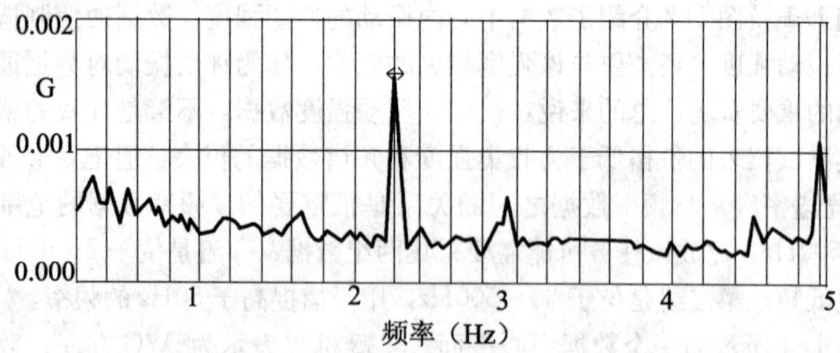

图 D-5 数据中心内记录到的地面振动——位置 Ⅱ-1，从 2～50Hz［Notohardjono 同意复制（2006）］

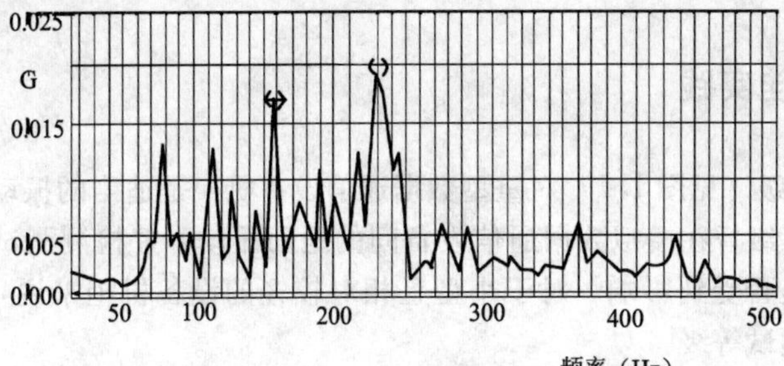

图 D-6 数据中心记录到的地面振动——位置 II-1，从 5～500Hz［Notohardjono 同意复制（2006）］

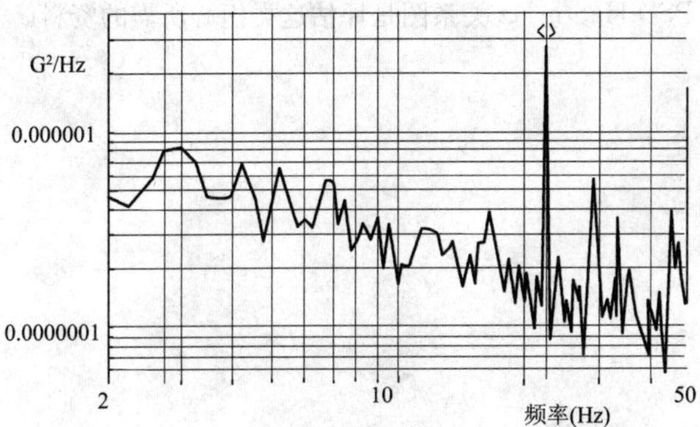

图 D-7 数据中心记录的地面振动功率频谱密度—位置 II-1 从 2～50Hz，［Notohardjono 同意复制（2006）］

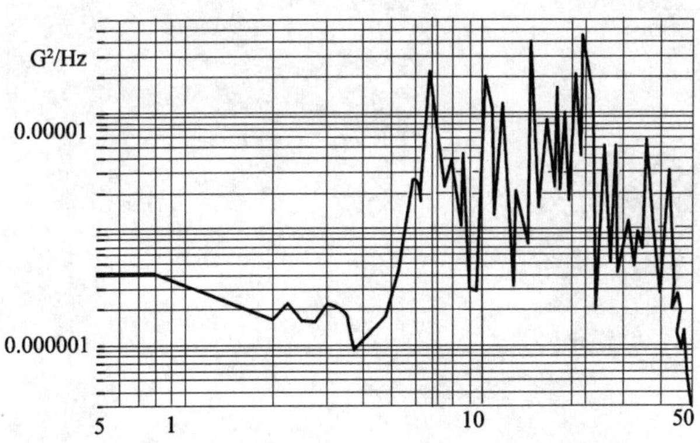

图 D-8 数据中心记录的地面振动功率频谱密度-位置 II-1 从 5～500Hz，［Notohardjono 同意复制（2006）］

D.6 最佳实践

（1）1级（见图D-1）对重型数据通信设备机柜是适当的振动测试输入等级。该等级旨在模拟数据通信设备间的地面振动，并检测测试期间系统的功能性是否受到影响。对于小型且相对较轻的设备机柜来说，2级可用作典型的测试等级。

（2）0.07g时的振幅最可能成为数据通信设备基础的振动上限。该级可视为正常的数据中心振动，最可能不降低数据通信设备的功能。

（3）如果担心数据中心地面振动是否过高，则需进行数据中心振动实测来证明。PSD-Hz、g-Hz关系图是评估这类担心所需的资料。

附录 E
组件锚固力

水平抗震设计力根据 ASCE Standard 7-05（ASCE 2005）中的下列三个公式进行计算：

$$F_P = \frac{0.4 a_P S_{DS} W_P}{R_P}\left(1+2\frac{z}{h}\right) \tag{E-1}$$

$$F_{P\max} = 1.6 S_{DS} I_P W_P \tag{E-2}$$

$$F_{P\max} = 0.3 S_{DS} I_P W_P \tag{E-3}$$

式中 F_p——水平设计抗震力；

a_p——组件放大系数；

S_{DS}——短周期设计光谱响应；

W_p——组件运行重量；

R_p——组件响应修正系数；

I_p——组件重要系数；

z——建筑物内地面以上高度；

h——地面以上平均屋面结构高度。

过去十年内，以上计算水平力的公式已经有了很大改变，所以更仔细地审视该方程式中所含的许多变量，更好理解它们的影响是十分有益的。

E.1 相对位置系数（$1+2z/h$）

当建筑物处于地震荷载时，它具有动态特性。即由于地震时地面运动输入的能量施加在结构基础上，造成建筑物前后晃动。尽管结构有很多重要的移动模式，但首先或特有的模式（是振荡周期最长的模式，或换言之是频率最低的模式）常是最严重的结构变形。IBC 在其线性、弹性力条款中假设大多数结构具有这种特性。该规范也假设屋面具有最大的三角形分布力，因为作用在屋面上的力比作用在较低楼层上的力大。这种楼层力同样在每层会被传给依附于建筑物的所有非结构组件。

相对位置系数用于度量地面上的地震系数近似地动态放大到位于建筑物较高位置上的组件上。系数的范围从 1.0（地面处的组件）到 3.0（屋面处的组件）。

在以前的建筑规范版本中，该系数为（$1+3z/h$），因此对屋面上安装的部件，最大乘数大到 4.0。但是，后来研究表明，此值过于保守，于是将系数减小到 2。

但必须注意：高性能数据通信设备中心的最佳位置应在底层，因为这是建筑物中地震力最弱的位置。

E.2 组件重要系数（I_p）

IBC 对于含有害材料的建筑物、在破坏性地震和受其他灾害后需立即启用的建筑物，是采用一个“重要”系数以提高风力、地震和雪等的设计荷载。该项提高意味着既减小了结构所承受的伤害，限制可能危害公众的化学品释放，也增加了建筑物随后即可维持运行的可能性。

规范对特殊非结构组件有类似的重要系数 I_p。对于常规组件，I_p 为 1.0。规范对于以下三种情况要求采用更大的重要系数值 1.5：属于建筑物防火或生命安全系统一部分的组件（如：喷淋装置）；含有害材料的组件；以及需即刻使用、持续运行设施的组件。较大的 I_p 系数增加了抗震设计力，且为了减少系统损坏需另加支撑与固定部件。

有战略性贡献的高性能数据中心的许多业主，应考虑对某些组件采用较大的重要系数，防止这些重要组件大量损坏。例如：业主应对下列组件考虑采用较大的重要系数：架空可检视地板的附件、服务器的加固装置、重要的冷水机组、供冷设备以及备用电源装置等。

E.3 组件放大系数（a_p）

就像因组件在建筑物中的高度位置引起的动态放大而调整了设计地震力的相对位置系数一样，组件放大系数（a_p）是因支撑组件而考虑的动态放大。例如：若一个组件刚性地固定在地面上，则因支撑而放大可忽略，且组件仅承受与地板自身一样的力。但若组件支撑在薄弱的钢平台上，则会承受因直接在其下面的支架的“抖动”而产生的额外力——很像拍动的鞭子末端。

传统上，规范已将 a_p 定义为全硬性和全柔性之间的阶跃函数，即使这两种情况在现实生活中并不存在。“全硬性”支撑的规范定义为基本周期小于或等于0.06s的支撑。在此硬支撑情况下，假设未发生动态放大，且a_p值取1.0。如基本周期大于0.06s（振荡频率小于16.7Hz），则支撑视为柔性，且a_p值取2.5。ASCE Standard 7-05（ASCE 2005）中表13.5-1、表13.6-1列出了建筑、机械和电气中许多一般组件的a_p值。

现实生活中，支撑绝不可能“完全”是硬性或柔性，而属两者之间。同时，规范对“柔性支撑”要求有相当大的支撑力的情况很常见且昂贵。在这些情况下，如需要，规范允许在动态分析的基础上更精确地确定组件放大系数。当已知组件与结构的基本周期的合理精确值时，则可计算组件放大系数。a_p的精确表示是这两个周期之比率。HEHRP Commentary（BSSC 2003）根据Tri-Service Manual TM 5-809-10，Seismic Design for Buildings（US Army 1992）对此方法有过精辟讨论。

数据通信设备间的一项专项讨论是确定设备组件的放大系数，例如有直接固定在架空可检视地板上的设备机柜组件等。

E.4 组件响应修正系数（R_p）

建筑物规范采用响应修正系数或系数R来考虑建筑物中不同抗水平力结构组件系统的韧性和能量吸收能力。能应对较多损害且仍能吸收地震输入能量的组件系统比地震早期易碎或易损的组件系统具有较大的R值。

对于非结构组件，IBC中有类似的系数：组件响应修正系数（R_p）。该系数旨在表示某个具体组件与其依附在较大结构上的辅件的能量吸收能力。对于屈服前可能变弯的易碎件或组件来说，R_p值的范围为1.0～2.0；对于能量吸收能力最小的组件，R_p值增大到普通值2.5；对于高韧性件，R_p值的范围很广，为3.0～12.0。ASCE Standard（ASCE 2005）中表13.5-1、表13.6-1列出了建筑、机械和电气中许多一般组件的R_p值。

应注意：在最新版ASCE Standard 7-05的表13.6-1中，显著增加了很多组件的R_p值。这些增加值认可了最近的分析工作，确定了不太保守的数值和这些系统以前的许多良好抗震性能。此外，也列出了许多系统有相对较大的R_p系数，但为了取得良好性能，则需要有具体的抗震细节。业主应注意，高性能数据通信间内采用的一些组件系统并未在表中专门列出（普通的机械或电气组件除外）。对数据通信设备间内的特殊组件，业主应提前确定所采用的R_p值。

数据中心的典型寿命周期一般为3～5年，另一方面，机械与电气基础设施的预期寿命为15～20年，而建筑结构的寿命可延续20～50年。因此，建筑物的基础设施和结构在其寿命期间也许能接纳和支持多代数据通信设备。本书全面地讨论了数据通信设备和建筑物的基础设施与结构问题，并为它们的设计与安装提供了最佳实践。

本书分为4个部分：第1部分：引论。它概括了数据通信设备中心设计的最佳实践，包括新的和改建的建筑结构的推荐内容。第2部分：建筑结构。介绍新结构与既有结构设计。第3部分：建筑基础设施。详细讨论了建筑基础设施，建筑基础设施结构考虑，架空可检视地板系统和振动源及其控制。第4部分：数据通信设备。它介绍了冲击与振动测试，地震锚固系统和数据通信设备分析。

本书为ASHRAE数据通信丛书中的第5本书，由ASHRAE中负责“重要任务设施、工艺房间与电子设备”的技术委员会9.9（TC9.9）编著。该系列丛书提供数据通信冷却和相关内容的全面处置方法。

经销单位：各地新华书店、建筑书店
网络销售：本社网址 http://www.cabp.com.cn
网上书店 http://www.china-building.com.cn
博库书城 http://www.bookuu.com
图书销售分类：建筑设备·建筑材料（F10）

ISBN 978-7-112-13062-7
9 787112 130627 >
(20439)定价：30.00 元